旱田多熟集约种植

高效模式

◎刘 建 主编

中国农业科学技术出版社

图书在版编目（CIP）数据

旱田多熟集约种植高效模式／刘建主编．—北京：中国农业科学技术出版社，2013.12

ISBN 978－7－5116－1492－6

Ⅰ.①旱…　Ⅱ.①刘…　Ⅲ.①旱田－多熟制－种植方式　Ⅳ.①S343.1

中国版本图书馆 CIP 数据核字（2013）第 000378 号

责任编辑　贺可香
责任校对　贾晓红

出 版 者　中国农业科学技术出版社
北京市中关村南大街 12 号　邮编：100081
电　　话　(010)82109194(编辑室)　(010)82109702(发行部)
(010)82109709(读者服务部)
传　　真　(010)82109708
网　　址　http://www.castp.cn
经 销 者　各地新华书店
印 刷 者　北京富泰印刷有限责任公司
开　　本　850mm×1 168mm　1/32
印　　张　5.875
字　　数　170 千字
版　　次　2013 年 12 月第 1 版　2014 年 3 月第 2 次印刷
定　　价　20.00 元

《旱田多熟集约种植高效模式》编委会

主　　编　刘　建

副 主 编　魏亚凤　杨美英　夏礼如

编写人员　（以姓氏笔画为序）

刘　建　汤德军　许　燕

孙亚泉　杨美英　李　波

汪　波　沈俊明　陈书华

周翠萍　冒建宏　俞振堂

夏礼如　徐修龙　葛文潜

薛亚光　魏亚凤

刘建　男，1965 年生，江苏如皋人。1984 年毕业于江苏省南通农业学校，后获南京农业大学硕士学位，江苏沿江地区农业科学研究所研究员。长期从事耕作栽培、高效农业等领域的研究及农业技术推广与科技服务工作，主持承担了 60 多项科技项目，发表论文 80 多篇，主编（编著）出版著作 9 部，获省部级多项科技成果奖。现为国家科学技术奖励评审专家、江苏省特粮特经高效生产模式创新团队首席专家、江苏耐盐植物产业技术创新战略联盟副理事长、江苏省作物学会理事。获“江苏省有突出贡献的中青年专家”、“江苏省优秀科技工作者”、“江苏省兴农富民工程优秀科技专家”等称号。

魏亚凤 女，1970年生，江苏如东人。1991年毕业于江苏农学院（扬州大学）。江苏沿江地区农业科学研究所耕作栽培研究室副主任、副研究员，现主要从事耕作栽培研究及农业科技推广与技术服务工作。获“江苏省‘333高层次人才培养工程’第三层次培养对象”、“南通市青年科技奖”、“南通市‘226高层次人才培养工程’中青年科学技术带头人”等称号。

杨美英 女，1966年生，江苏张家港人。1987年毕业于江苏省南通农业学校，后获本科学历。江苏沿江地区农业科学研究所副研究员，主要从事耕作栽培研究及农业科技推广与技术服务工作。获“南通市优秀科技工作者”称号。

夏礼如 男，1969年生，江苏姜堰人，1993年毕业于江苏农学院（扬州大学）。江苏沿江地区农业科学研究所所长、研究员，主要从事病虫害综合防控、种植模式、设施农业、农业科技管理等方面研究。

前　言

长江下游沿江、沿海地区人口多、耕地面积少，种养业发达，耕地的产出要求高。该地区素有耕作细作的传统与技术优势，间、套作类型多样，复种指数高，是我国典型的集约农作区。随着对农田产出、农产品和种植效益的要求不断提高，该区在间套复种技术中探索创新，创造了众多的多元多熟种植模式，有效推动了高效农业的快速发展。

为了进一步促进旱田农业生产向集约高效方向发展，扩大高效种植模式的推广应用范围，笔者根据多年来的研究成果和生产实践，采集、疏理和提炼各地成功的种植模式，组织编写了本书。期望本书能在提升农民的科技文化素质，帮助农民提高种田水平，增强其致富能力，加速农业向“高产、优质、高效、生态、安全”等目标协调发展等方面发挥积极作用。

本书突出长江下游沿江、沿海地区的区域特点，力求实用和可操作。全书按旱田多熟集约种植概述、玉米田多熟集约种植模式、棉田多熟集约种植模式、林果田多熟集约种植模式和其他类型田多熟集约种植模式等方面编写，概述了多熟种植及其有关概念、多熟集约种植的主要功效和基本原则，介绍了玉米栽培特性与间套复种、棉花栽培特性与间套复种、主要林果作物（葡萄、银杏和梨）的栽培特性与集约种植等要点，围绕玉米田、棉田、林果田和其他类型田，精选了该区近几年来创造的 112 种旱田（露地）多熟集约种植实例。必须注意的是，这些实例具有较强的区域特征，由于温光资源、土壤类型、经济条件、技术水平及市场等因素的影响，表现出茬口配置、品种选用、培管措施、产品产出等方面有不同程度的差异，因而在具体的模式应用时必须做到因地制宜。此外，农作物的品种更新较快，生产上应注意及时选用新近育成并通过审（认）定的相同熟期类型的优良品种，以更好地发挥良种的增产增效作用。

虽然我们在编写过程中付出了很多心血，但由于水平和各种条件的限制，书中肯定有某些疏漏与不妥之处，敬请读者指正。同时，本书在编写过程中，参考了大量的文献资料，在此对所有的原作者表示诚挚的谢意。

刘　建

2013 年 12 月

目　　录

第一章　旱田多熟集约种植概述

一、多熟种植及其有关概念

多熟种植是指在同一田块一年内同时或先后种植两种或两种以上作物。包括时间上（多种）和空间上（间混作）两个方面的集约利用耕地资源的重要方式，是我国传统农业的精华。

复种是在同一田块上一年内接连种植二季或二季以上作物的种植方式。最常用的复种方式有连茬复种和套作复种，此外还有再生复种。连茬复种，是指前一季作物收获后紧接着种植后一季作物；套作复种，是指前一季作物收获前将后一季作物套种在前季作物的行（株）间；再生复种，是指前季作物收获后利用其残茬的潜伏芽萌发、生长、发育、成熟后再收获第二次，达到种一次收两次效果，如再生稻即再生复种。

熟制是从时间维对种植制度耕地利用程度的一种概念性描述。如果一种种植制度平均在一年时间种植并收获不止一季作物，则称为多熟制。如果平均只种植并收获一季作物称为一熟制。休闲是指耕地在可种作物的季节或全年只耕不种或不耕不种的方式。根据休闲期的长短和季节分布分为全年休闲、季节休闲两种，而季节休闲又可分冬闲（作物秋收后至第二年春播前空闲）、夏闲（夏收作物收获后到秋播前空闲）、秋闲（早秋作物收获后到秋播作物播种前空闲）等类型。

单作也称为纯作，是指同一田块上一个生长季节内仅有一种作物生长的种植方式。单作的优点是便于管理与机械化作业，主要缺点是在空间（包括地下部）和时间维上对资源的利用不够充分。

间作是指在同一田块上于同一生长期（季节）内分行或分带相间种植两种或两种以上作物的种植方式。常见间作方式有条状间作（不同作物各种一行）和带状间作（不同作物各种多行）。

混作也称混种，是指在同一田块上、在同一生长期（季节）内混合种植两种或两种以上作物的种植方式。混作可以是随机混合种植，也可以是株行间有序种植。与间作相比，两种作物不呈明显的规则性成行或带状的分布，不利于不同作物的区别管理和机械化操作。

套作也称套种，是指在前季作物生长的后期在其株行间播种或移栽后季作物的种植方式。

套作与间作都有两种或两种以上作物共同生长在一起的时期，称作共生期。间作是一种集约利用空间的种植方式，套作则是一种集约利用时间的种植方式，是一种复种方式。

本文中涉及的基本关系符号如下。

“—”表示连茬复种，符合前面的作物收获后接着种植符号后面的作物。

“+”表示间作关系，不同作物在同一生长期（季节）内分行或分带相间种植。

“/”表示套作关系，符号前面的作物收获前符号后面的作物已种植。

二、多熟集约种植的主要功效

针对我国人多地少的基本国情，发展多熟集约种植是充分利用有限的耕地资源，实现粮食增产，促进农民增收和农业增效的有效途径，能够形成显著的社会、经济、生态效益。

1. 促进增产增效

农业生产的实质是绿色植物通过光合作用，将太阳辐射能转化为化学能的过程，各种作物所提供的干物质，有90%～95%是利用光阳能并通过光合作用，将所吸收的二氧化碳和水合成有机物而成的。生产上作物的光能利用率相差较大，世界上最高产地块的利用率近5%，我国目前农田平均光能利用率为0.3%～0.4%，多数农田作物生育期利用率仅0.1%～1%，通过发展多熟集约种植，可以增加单位土地上的绿叶面积或延长绿叶的光照时间，从而提高光能利用率。例如：在长江流域，稻麦两熟区，每亩产量1 250～1 500千克的田块，光能利用率为1.7%～2.0%，而采用一年三熟制栽培模式，每亩产量达1 500～1 750千克的田块，光能利用率可达2.2%～2.5%。棉田一般单作1年1熟时光能利用率仅1%左右，两熟间套可提高到1.4%～1.5%，三熟以上可提高到2%以上。

实现多熟集约种植，通过复种和间套作，实现了在种植时间、生长空间、土壤养分之间的互补。

一是在时间的互补。利用不同作物生育期的差异进行间作套种，以达到充分利用不同时间内环境生活因子的可能性。以棉田为例，棉花生育期长，吐絮后尚有较长的采摘期，从播种到收获结束，长达8个月左右，间套种使棉田由一年一熟发展为一年两熟以上，棉花前季可套种小（大）麦、蚕豆、豌豆、油菜、大蒜、秋菜等，同季可间作瓜果、蔬菜等，后季可套种叶菜类蔬菜、晚秋小宗经济作物等。

二是在空间的互补。不同作物的高矮、株型、叶型、生长与需肥特性及生育期不同，如玉米为高秆直立型，花生为匍匐型，西瓜为蔓生型等，通过作物之间的合理搭配能充分利用空间，提高单位面积作物总密度，改善群体层垂直分布与结构，有利于通风透气、增加作物群体空间的二氧化碳浓度等。

三是土壤养分的互补。不同作物对土壤养分的需求、吸收能力和种类不尽相同，合理地利用这一特性能提高耕地的利用率。例如：一般禾本科作物需氮多，豆科作物需氮少而需磷、钾多（能固定空气中游离氮转化为有机氮）；白菜、甘蓝等十字花科利用土壤较难溶磷的能力强，而小麦、甜菜等能力弱；谷类、葱蒜类等浅根性作物主要吸收浅层土壤中的养分，而棉花、大豆（毛豆）及瓜类蔬菜等深根性作物则可利用土壤深层中的养分等。

2. 满足社会需求

通过多元复合种植，打破了单一种植粮、棉、油的经营方式，可在较小的土地上生产较多的产品，在同一地块生产多种产品。通过粮、棉、油、经、饲、瓜果、菜等多类型的间套复种，不仅可以显著增加农民的经济收入，还可给市场提供丰富的农副产品，改善人民生活，满足市场对农产品多样化需求，具有显著的社会效益。

3. 实现生态平衡

间套作种植，增加了农田覆盖度和延长了覆盖时间，地面覆盖的时间长，绿色面积大，能减轻雨水对地面土壤的直接冲刷，减少农田水土流失。间套种能使田间小气候得到优化，有利于作物生长发育。例如：能减少地面蒸发，提高田间相对湿度；有效蒸腾提高，降低田间最高气温，提高最低气温等。

间套作作物根系多，在土壤内分布广，增加了土壤中有机质的积累，特别是间作豆科等作物，根瘤的固氮、根系对多种养分保存以及根系活动对土壤养分的活化等，对增加土壤有效养分将起很大作用。生产上，通过作物种类和品种的合理组配，如增加豆科作物或是耗肥量少的作物，能够做到土壤的用养结合。此外，合理作物组成和结构的间混套作复合群体，可以减轻病虫害、旱涝灾害以及冻害等自然灾害的影响。如麦棉套种田麦子具有防风、保温作用，可以促进棉花壮苗早发。间作套种有利田间有害生物的繁殖，减少病虫为害，同时作物生长过程中分泌的某些物质还能忌避和减轻某些病虫草害。

三、多熟集约种植的基本原则

1. 产业需求和效益优先

发展多熟集约种植，应与经济发展水平、社会需求状态、生产技术以及农业生产条件等相适合，必须符合区域农业产业发展的需求。突出“市场为导向、效益为中心”的目标要求，因地制宜地选用适合当地发展的总体效益高的种植模式。总体效益高是指在一定的范围和一定的时间内，要具体分析多熟种植经营的不同作物产品的产量、产值、成本和纯收益，计算出单一经济效益和总体经济效益，以及各类产品的生产产量和市场需求前景，不能只看一种产品和在某一环节中的产量和价值，只有在各类模式中的多数产品有较大市场需求和较高收益时，总体经济效益将会有较大的提高，也才能有推广价值。

多熟集约种植需要相应地增加生产投入，生产投入包括劳力、肥水、农药、器械和保护设施等，只有投入与产出相适应，才能满足各类作物的需要，增加其经济效益。以避免出现投入多、效益低，得不偿失。

2. 主次明晰和周年统筹

发展多熟集约种植，同一田块的茬次增加，单位面积上总株数提高，因此要统筹各茬次间的衔接关系。明确周年种植条件下的主体效益茬口和重点作物，同时要处理好主、次作物争光照、争空间、争肥水的矛盾。建立互利的复合群体，在不影响或很少影响主作物的同时，增加次作物产量，在兼顾社会效益的同时，提高经济效益。具体应掌握如下原则：①主、次作物应有合理的配置比例，使间套作物均能获得良好的生长发育条件，一般以在保证主作物密度与产量的前提下，适当提高副作物的密度与产量为原则；②加宽行距、缩小株距。如矮生作物的种植幅度扩宽（行数多），高秆作物的幅度缩窄（行数少），使矮秆作物生长的地方变成高秆作物的通风透光“走廊”，以充分发挥边行优势；③前茬利用后茬的苗期，不影响生长，而后茬利用前茬的后期，不妨碍苗壮和生长，尽量缩短两者共生期；④注意粮、棉、油、果、菜、瓜等作物的比例关系，根据市场供求关系配套适宜的品种，实现早熟、中熟和晚熟品种的合理搭配；⑤注意长短结合，以短养长。

3. 用养结合和优化配置

发展多熟集约种植，既要注重经济效益，又要重视生态效益；既要考虑当前利益，又要注意长远利益。

各种作物从土壤中吸收的养分有一定的差异，对土壤质量及其根际环境的影响也存在着较大的不同，同时在作物生长过程中还会分泌或是残留一些物质，能够促进或抑制其他作物的生长，并影响产品的产量与品质。间作套种时，要了解不同作物的茬口特性，把握好不同作物对土壤与环境的影响特点，进行科学组配，从而促进土壤肥力提高，实现用地与用养的有机结合。

生产上常见作物的茬口特性：①禾本科作物。水稻、麦类、玉米等多为须根系，入土较浅，根量集中、易清除，吸收的氮、磷较多，吸收钾较少。土传病虫害少，对部分杂草有抑制作用、但伴生杂草多。此类作物不但耗肥多，而且将籽实和秸秆收离地面，残留于土壤中的根茬量小，为耗地性作物。②豆类作物。直根系，对土壤耕层有影响（与禾本科须根系比较），通过共生固氮能降低生产成本和减少氮素流失，需要的钾、钙较多，吸收养分总量较少。有机物自然归还率高（占生物量的30%～40%），根系碳（C）/氮（N）比低，易分解。能够利用难溶性的磷酸盐，可改善土壤结构状况，但连作下病虫害发生严重。③油料作物。施肥较多，有机物自然归还率高，被视为半养地作物，油菜能够改善土壤物理状况和养分供应。油料作物不宜连作，否则病虫害发生严重。④棉花作物。植株高大，耗肥较多，一般要求控制氮肥，增施磷、钾肥。⑤甘薯、马铃薯等块根块茎类作物。深根性作物，有利于土壤疏松，对后茬作物生产有利。此类作物的生物量大，有机质自然归还量高，养分需要多。其需肥特点是喜钾控氮，如果氮肥过多，易造成藤蔓及茎叶徒长，影响薯块膨大，适当增加钾肥和农家灰渣肥的施用有显著的增产效果。不宜连作，否则加重茄科软腐病、疮痂病以及甘薯黑斑病等病害的危害。

在间套作时，还应根据各种作物的生物学特性，选择互利性较多的作物进行搭配，以减少其种间竞争，实现茬口的优化配置。株型方面，做到高秆与矮秆、直立与塌地的种类搭配，以解决复合群体高度密植的通风透光问题，如高秆的玉米宜与矮生的毛豆、花生等间作套种等。秆型作物间作缠绕作物可利用秆型作物作支架，如玉米间作洋扁豆，洋扁豆可缠绕在玉米秆上生长；又如：棉花套种荷仁豆，秋、冬季节棉花可为套种的荷仁豆挡风御寒，春天又成为荷仁豆生长的支架。根系方面，要求深根型与浅根型搭配，以合理利用土壤中的水分和养分。对光照的要求方面，掌握喜光作物和耐阴作物相结合，可满足各自对光照的要求。

第二章　玉米田多熟集约种植模式

玉米不仅是我国仅次于稻麦而居第三的重要粮食作物，也是发展畜牧业的优质饲料，还是发展工业的重要原料。玉米属于禾本科作物，根系发达，植株高大。喜温暖，整个生育期要求有较高的温度，可在春、夏、秋等多季节种植，适宜与多类型作物间套复种。

一、玉米栽培特性与间套复种

1. 玉米生长的环境要求

（1）*温度要求*　播种后到幼苗期要求10℃以上温度，幼苗能忍耐短时期的霜冻低温，但达－3℃的时间较长时，会发生死苗，生产上通常把5～10厘米土温稳定在10℃以上，作为玉米播种起始适宜期；玉米苗期以20～24℃最有利于根系的生长；抽穗开花期以25～28℃较为适宜，如温度高于30℃、空气湿度低于60%时，花粉会很快丧失萌发能力，而低于20℃也会影响开花授粉；结实成熟期的最适温度为22～25℃，相对较低的温度有利于光合产物积累，但低于18℃则影响产量。

（2）*需水特点*　玉米对水分需求量多，能充分利用土壤下层水分，高温、干旱时叶片可暂时卷曲以减少蒸腾，玉米对水分的利用率较高。通常以抽穗开花期为中心，将其前10天和后 20 天约一个月的时期，作为玉米对水分需求的临界期，此期必须保证土壤水分在持水量的 70% ~80% 。

(3) 光照要求　属短日照作物，但对短日照要求又不很严格。一般早熟品种对光照时间反应不敏感，而晚熟品种对光照时间反应较敏感。玉米是一种高光效的高产作物，要获得高产要求有较高的光合强度、较大的光合面积和较长的光合时间。在栽培上要注意通风透光，通过合理密植等措施，保证较充足的光照。

(4) 土壤要求及需肥特点　玉米耐酸碱能力较强，对 pH 值的适应范围为 5 ~8，但适宜的 pH 值为 6.5 ~7。玉米的根系密、数量多，因而在耕作层深厚、土质疏松、通气性好、水热协调、养分充足的土壤中生长最好。玉米在生长过程中需吸收多种营养元素，其中：以氮、磷、钾三要素为最多，特别是氮素更为重要。一般春玉米氮、磷、钾的比例约为 5∶2∶4；夏玉米氮、磷、钾的比例为 9∶3∶8。玉米苗期的吸肥量较少，拔节后大量增加。磷肥一般作基肥或苗期施用，钾通常作基肥和早期追肥施用。

2. 玉米主要种植方式及其特点

玉米种植方式主要有直播和育苗移栽等两种类型。其中：直播类型包括露地直播、地膜直播两种方式；育苗移栽包括营养钵育苗、营养块育苗和塑盘乳苗等方式。通常土壤表层地温稳定在 10℃以上的日期作为开始播种期，玉米间作套种时多通过覆盖地膜和育苗移栽等措施提早播种、缩短玉米大田生育期，提高复种指数。

(1) 玉米的地膜覆盖　地膜覆盖是指玉米生育期间（前期），在地面覆盖一层地膜的栽培方式，它是我国 20 世纪 90

年代迅速发展的集约化高产技术，一般比露地栽培玉米增产30%～70%，有的地方成倍增加产量。

地膜覆盖的增产原因：①保水作用。地面盖膜后，土壤与大气隔开，土壤水分不能蒸发散失到空气中去，而是在膜内以液—气—液的方式循环往复，使土壤表层保持湿润。②增温作用。晴天阳光中的辐射波透过地膜，地温升高，通过土壤自身的传导作用，使深层的温度逐渐升高并保存在土壤中。覆膜的阻隔作用减少了膜内外平行与垂直热对流消耗的土壤热量，并抑制土壤中热量向大气中扩散。③土壤效应。地膜覆盖后，地表不会受到降雨或灌水的冲刷和渗水的压力，从而使土壤结构保持播种前良好的松软状态。同时由于膜下地温变化，膜内水汽不断发生胀缩运动，使土粒空隙变大，疏松透气，有利于根系的生长发育。④养分效应。覆盖地膜后，通过增温保墒，有利于土壤微生物的活动，加快有机质和速效养分的分解，增加土壤养分的分解，提高土壤中养分的含量。盖膜以后，阻止雨水和灌水对土壤的冲刷和淋溶，减少了养分的流失。地膜覆盖栽培的玉米具有出苗速度加快、根系发达、植株健壮、早熟高产等生物学效应，主要应用在多熟制春玉米的生产上。

玉米地膜覆盖栽培形式多样，但田间管理全过程基本上与大田栽培相同，仅在播种至揭膜阶段略有差异，因而要抓住铺膜和揭膜两个关键环节。

（2）玉米的育苗移栽　育苗移栽，能使晚栽茬口通过早播，延长玉米生长期，有效地争取农时。春播玉米能通过盖膜增温提早播种育苗，夏、秋播玉米通过育苗移栽以克服季节矛盾。育苗移栽还可确保大田密度，保证全苗、壮苗，节省用种。当日平均气温达到6～7℃时，盖膜苗床内的温度可达到11～12℃，此时可以开始播种。实践中可根据移栽时间来确定育苗播种时间，一般而言，在日平均气温15℃左右播种，10天左右即可出苗；20℃左右播种，6～7天即可出苗。营养钵中苗移栽的，宜在栽前25天左右育苗；乳苗移栽的，宜在栽前15～20天育苗。夏、秋玉米在播后5～6天即出苗，出叶速度也快，宜在栽前10～15天播种。育苗期温度低，生长慢，苗龄可长；反之温度高，生长快，苗龄短。若是秋玉米可以短到6～10天，其小苗可不带土移栽。

采用营养钵育苗移栽的，可以减少起苗时对幼苗根系的损伤，能缩短缓苗期，移栽成活率较高，增产效果较好，但制钵比较麻烦。营养钵要有丰富的养分，通气良好，且移栽时不易破碎。一般是将30%～40%的优质腐熟厩肥、60%～70%的疏松肥沃细土和少量氮肥（0.5%）、磷肥（1%）充分混合过筛后加水拌匀而成。加水的量以达到制钵土用手能紧握成团，在1米高处落下破碎为度。利用筒状容器或制钵机将育苗用的营养土制成营养钵。播种时，将经过催芽的玉米种子播于营养钵中央的种穴内，每穴播1粒精选种子，然后覆盖2厘米厚的细土，将播种后的营养钵摆放在苗床上。钵隙间填细土，然后洒水湿透。播后保持湿润。适宜移栽的苗龄为3叶1心至4叶1心。

采用营养土育苗移栽时，将适宜育苗的营养土铺成床面，营养土一般厚6～7厘米，要踏实、抹平。播种前可先把苗床打成6厘米×6厘米的方格，在每个交叉点上播种1粒种子，播深2～3厘米。如果是撒播，撒粒一定要均匀，然后覆盖1厘米厚的细土，移栽时带土起苗。适宜移栽的苗龄为3叶1心至4叶1心。这种育苗方法操作简单，苗床占地少，但起苗时容易伤根。

采用塑盘乳苗移栽时，按水稻秧盘（规格30厘米×60厘米，486 孔或 561 孔）横排紧靠两排，用木板轻压，两边留 5 厘米宽做畦。苗床应深翻细整，全层培肥，苗床面积一般按每亩大田 13 ~ 15 盘备足，畦周开好排水沟系。播前苗床表土按每 10 平方米施 50 克呋喃丹防治地下害虫及鼠害，拍平床土，排好秧盘，然后每孔播 1 粒种子，每盘各孔的种子要整齐一致。选用无杂草种子的肥沃菜园面土，过筛后拌生物钾肥盖籽，并用木板刮去盘面余土，然后在盘面上铺草，补足水，再覆盖地膜。塑盘培育乳苗时，苗床尽量设置在大棚内，以保证苗床增温和水分分布均匀，成苗一致。如果玉米育苗不在大棚内，可就地搭拱棚增温催芽，但棚高应不低于 50 厘米，两侧不低于 30 厘米，棚两头各向盘外延伸 20 ~ 30 厘米，使床内增温均匀。移栽叶龄应掌握 1.5 ~ 2 叶为准，必须在 2 叶与 1 叶等长期移栽。移栽前大田整地、施足基肥，通常多覆盖地膜。如果栽前墒情一直较差，先浇水造墒，再施肥、覆膜。栽前应将乳苗按长势分类，使长势一致的苗能栽在同一区或同一块田内，栽时可用直径 2 厘米左右的竹竿戳洞，洞深 3 ~ 4 厘米，以保证乳苗根部能深入到洞穴中，然后用两指捏紧两边泥土压实即可，并用喷雾器补适量水，做到既不伤根又不使膜的破口过大。

3. 玉米间套复种的主要类型

玉米由于高秆直立，且适宜春播、夏播和秋播等多季节种植，因而其间套复种的类型多样。玉米间套复种，主体上可分成以下主要模式类型。

（1）蚕豆接茬玉米型　蚕豆是粮、菜、饲兼用作物，鲜豆粒供菜用，老豆粒也可作蔬菜。江苏省启东、海门、通州、如东等沿海县（市区）列为全国特色粮油（蚕豆）的优势区域，在蚕豆生产方面具有较大优势，特别是该地区的鲜食蚕豆生产已成为冬季农业增效的主要途径之一，蚕豆接茬玉米成为江苏东南沿海旱粮地玉米田主要复种模式之一。秋播季节种植蚕豆，在蚕豆生长后期套作玉米，或是在待蚕豆收获后连作玉米，待蚕豆收获后于玉米行间（或棵间）间作或套作夏（或秋）熟作物，也可在玉米收获连作秋熟作物，实现多熟集约种植。

（2）蔬菜接茬玉米型　蔬菜接茬玉米是蔬菜地常见复种模式之一。秋播季节或早春种植蔬菜，在蔬菜生长后期套作玉米，或是在待蔬菜收获后连作玉米，待蚕豆收获后于玉米行间（或棵间）间作或套作夏（或秋）熟作物，也可在玉米收获连作秋熟作物，实现多熟集约种植。

（3）草莓接茬玉米型　草莓接茬玉米是近几年来开发一种具有较高经济效益的复种模式。秋季栽植草莓，在草莓生长后期套作玉米，或是在待草莓收获后连作玉米，待草莓收获后于玉米行间（或棵间）间作或套作夏（或秋）熟作物，也可在玉米收获连作秋熟作物，实现多熟集约种植。

（4）大（小）麦接茬玉米型　小麦是重要的粮食作物，全世界有35%～40%的人口以小麦为主食。大麦因子粒是否带稃分为皮大麦和裸大麦，裸大麦因地区不同又称裸麦、元麦、米麦、青稞等，大麦用途广泛，既是优质粮食，又是酿造啤酒的主要原料，还具有很高的饲用价值。小（大）麦接茬玉米模式，秋播季节种植大（小）麦，玉米与大（小）麦套种或连作，玉米套作（或连作）夏（或秋）熟作物，实现多熟集约种植，以促进粮饲均衡增产。

（5）油菜接茬玉米型　油菜是世界上重要的油料作物之一，也是我国传统的油料作物。油菜种子含油量为其自身干重的35%～50%。菜油营养丰富，自古以来为我国人民长期食用。菜籽榨油后的饼粕，成分与大豆饼粕相近，是良好的精饲料。随着低芥酸、低硫苷油菜新品种的育成，大大提高了菜油的品质和菜饼的饲用价值。油菜接茬玉米模式，秋播季节种植油菜，玉米与油菜套种或连作，玉米套作（或连作）夏（或秋）熟作物。

（6）西瓜玉米复种型　西瓜主要以鲜果供食，果肉中的总糖含量高，并含有丰富的矿物盐和多种维生素，是世界十大水果之一，为夏季水果之王。西瓜玉米复种是旱粮地玉米田高效型种植模式之一，春播季节种植西瓜，玉米与西瓜间作（或套作），能有效地利用空间互补性，提高耕地利用率，促进农田增效。

（7）玉米花生复种型　花生是我国主要油料作物之一。花生营养丰富，种子含油率达50%左右，花生油气味清香可口，是优质食用油。种子含有30%左右的蛋白质，可加工成多种食品。春（或夏）播季节种植花生，玉米与花生间作（或套作），玉米套作（或连作）夏（或秋）熟作物。

（8）药材接茬玉米型　药材接茬玉米是高效型复种模式之一。在江苏沿江等地种植的药材较常见有西红花、贝母等。秋季或初冬种植药材，翌年春季套作玉米，药材收获（或倒苗）后于玉米行间（或棵间）间作或套作夏（或秋）熟作物，玉米收获后还可连作秋熟作物，实现多熟集约种植。

二、蚕豆接茬玉米集约种植模式

蚕豆适于冷凉季节种植，有“冷季豆类”之称，具有生物固氮的作用，其改良土壤能力强，还可作绿肥，通过埋青还田培肥地力。长江中下游地区，蚕豆为秋播夏收，全生育期需>5℃的积温为1 200～1 300℃，通常在当地平均气温降到9～10℃时播种，通常在10～11月播种，翌年4～5月收获。蚕豆接茬玉米，大田生育期上能够较好地衔接，并通过蚕豆收青荚或收枯、玉米育苗移栽或地膜覆盖等，进行共生期的调节，茬口布局的弹性较大。蚕豆接茬种植的玉米，既可种植饲用的普通玉米，也可种植鲜食的糯（甜）玉米，通常在3月下旬至4月上中旬定植大田，7月采收，可在玉米行间（或棵间）间作（或套作）矮秆作物，或是连作种植秋熟玉米，也可利用玉米秸秆种植爬蔓豆类作物。蚕豆接茬玉米模式，在秋播时要因地制宜地设计好蚕豆行距配置方式。也可在预留的玉米行内种植冬春蔬菜或经济绿肥，冬季与蚕豆间作的作物应在玉米播栽前收获并清茬。

1. 蚕豆+豌豆/玉米—番茄【实例1】

江苏省海门等地应用该模式，蚕豆采收青荚，豌豆采收豆苗，玉米采收青果穗，经济效益显著。一般每亩（1亩≈667平方米。全书同）收获青蚕豆荚650～700千克、豌豆苗120～150千克、玉米青果穗750千克、番茄3 000千克。该模式也可将豌豆改种成黄花苜蓿，采收鲜嫩苜蓿苗上市。采摘豌豆苗或黄花苜蓿苗后，其植株茎叶可适时埋青用作绿肥。

（1）茬口配置　蚕豆采用133厘米等行距种植，10月中旬播种，蚕豆行间间作1行豌豆（或黄花苜蓿），豌豆（或黄花苜蓿）于冬前起分批割嫩头上市，翌年3月上中旬其茎叶埋青作基肥；玉米在蚕豆行间套种，3月20日播种，地膜覆盖，采用双行单株种植，大行距115厘米、小行距18厘米，株距18～20厘米，每亩密度5 000株，7月上旬玉米收青果穗上市；番茄移栽在玉米大行中间，6 月中旬育苗、7 月上旬定植（秧龄 20 ~ 25 天），每个玉米大行中间种植 2 行，小行距 40 厘米，大行距 93 厘米，株距 25 厘米，每亩密度 4 000株左右，9 月中旬至 10 月中旬采收。

（2）品种选用　①蚕豆，选用大粒优质品种，如“日本大阪豆”、“海门大青皮”、“海门大白皮”；②豌豆，选择优质、生长势强品种，如“海门白花豌豆”等；③玉米，选用定名、适宜本地种植的优质鲜食糯玉米，如“苏玉糯 1 号”、“紫玉糯 1 号”等；④番茄，选用“合作 906”、“合作 908”等品种。

（3）培管要点　①蚕豆。抢墒适期播种，播时每亩施 25%复合肥 50 千克、灰杂肥 1 000千克作基肥，“日本大阪豆”每亩 3 000 ~ 3 500穴，“海门大青皮”或“海门大白皮”每亩 3 500 ~ 4 000穴，每穴播种 2 粒，搞好整枝，春发时每亩留健壮枝 2 万个左右，盛花期每亩穴施碳酸氢铵 15 ~ 20 千克或尿素 7.5 千克作花荚肥，及时用药防好蚕豆赤斑病。②豌豆。每亩用种 9 ~ 10 千克，如果是种植黄花苜蓿则采取拌河泥浅开行塌播（每亩用种 1.5 ~ 2 千克），播种时每亩施复合肥 20 千克，冬前初春期间根据生长情况可割 3 ~ 4 刀鲜豌豆头上市，一般每次割后每亩施尿素 5 ~ 7 千克。③玉米。一般每亩施羊棚灰肥 500 ~ 600 千克、玉米专用肥 25 ~ 30 千克、碳酸氢铵 15 千克作基肥。8 叶平展时，每亩施尿素 15 千克、粪水 1 000千克，玉米大喇叭口期要重点防治好玉米螟。④番茄。移栽前每亩施腐熟鸡棚灰或优质圈肥 3 000千克、复合肥 40 千克、硫酸钾 20 千克作基肥，开始采果上市后，每隔 15 天追肥 1 次（以人粪尿为主），做到田间沟系配套，及时插架、绑蔓、摘心、疏花疏果，做好防病治虫。

2. 蚕豆/玉米+毛豆—青花菜【实例2】

江苏省启东等地应用该模式，蚕豆采收干籽，玉米采收干籽，具有粮菜结合的特点，毛豆采收正值豆类蔬菜供应淡季，有利于实现农田增效。一般每亩收获蚕豆175千克、玉米500千克、毛豆鲜荚250千克、青花菜1 500千克。

(1) *茬口配置* 蚕豆采用133厘米等行距种植，晚秋播种，穴距20厘米，每穴播种3~4粒；玉米在蚕豆行间套种，4月上旬播种，每亩密度4 000株，7月底收获；毛豆于5月下旬蚕豆叶凋谢时，在蚕豆两侧各播种1行，穴距20~25厘米，每穴3粒，8月中旬收获；青花菜7月底育苗，8月下旬移栽，按50厘米行距起小高垄，亩栽3 000株左右，11月上旬陆续收获。

(2) *品种选用* ①蚕豆，选用“启豆2号”等品种；②玉米，选择定名、适宜本地种植的早熟高产春玉米品种；③毛豆，选用早熟优质品种，如“台湾292”等；④青花菜，选用“圣绿”等品种。

(3) *培管要点* ①蚕豆。每亩施过磷酸钙40千克作基肥，蚕豆盛花期施尿素7.5千克作花荚肥，初花至盛花期及时用药防治赤斑病，注意蚜虫的防治。②玉米。每亩施玉米专用复合肥50千克作基肥，播种后喷除草剂化除杂草，出苗后及时扶理蚕豆植株，玉米5~6张展开叶时每亩施人畜粪肥750千克作拔节肥，玉米9~10张展开叶时每亩施用碳酸氢铵50千克作穗肥，玉米大喇叭口期用药灌心防治玉米螟。③毛豆。每亩施复合肥15千克作基肥，播后用除草剂化除杂草，第1张复叶时定苗每穴2株，初花期每亩施尿素7.5千克作花荚肥，及时防治蚜虫、大豆食心虫和蜗牛。④青花菜。玉米收获后整地，每亩施优质腐熟有机肥2 000千克加复合肥50 千克作基肥，植株花芽刚见后第一次追肥，每亩用磷酸二铵 15 千克加尿素 10 千克混施，以后每隔 7 ~ 10 天追施一次人粪尿肥（追施 3 ~4 次为宜），干旱时每隔 7 ~ 8 天浇 1 次水，注意中耕、松土、保墒，及时防治黑腐病、霜霉病和菜青虫。

3. 蚕豆/玉米/冬瓜【实例3】

江苏省启东等地应用该模式，蚕豆采收青荚，玉米采收青果穗，一般每亩收获蚕豆青荚1 000千克、玉米青果穗1 000千克、冬瓜7 000 ~ 8 000千克。

（1）茬口配置　267 厘米为一组合。蚕豆于 10 月中旬在一个组合内种植两行，小行距 67 厘米，穴距 20 厘米，每穴 3 ~4 粒；玉米于翌年 4 月上旬在 2 米蚕豆大行内播种 2 行，双行双株，小行距 50 厘米，株距 17 厘米，采用地膜覆盖；冬瓜于 4 月中旬育苗，蚕豆收青荚后移栽，每一个玉米大行内移栽 1 行冬瓜，株距 80 厘米，每亩 300 株左右。

（2）品种选用　①蚕豆，选用“启豆 5 号”或“日本大阪豆”等品种；②玉米，选择定名、适宜本地种植的优质糯玉米品种；③冬瓜，选用“台湾粤蔬黑皮冬瓜”等品种。

（3）培管要点　①蚕豆。每亩施过磷酸钙 40 ~ 50 千克作基肥，12 月中旬壅根防冻，3 月下旬至 4 月初每亩施尿素 7.5 千克作花荚肥，3 月上中旬整枝，每米行长留健壮分枝 50 个左右，及时防治蚕豆赤斑病和蚜虫。②玉米。每亩施腐熟优质农家肥 1 000千克、专用复合肥 50 千克作基肥，播种盖土后喷除草剂化除杂草，覆盖地膜，5 ~ 6 张展开叶时每亩施人畜粪肥 500 千克作拔节肥，9 ~ 10 张展开叶时每亩施碳酸氢铵 50 千克作穗肥，大喇叭口期用药灌心防治玉米螟。③冬瓜。营养钵育苗，苗龄 30 天。每亩施腐熟有机肥 1 000千克、复合肥 50 千克作基肥，埋肥深度 10～15 厘米，平整后作垄，喷施除草剂化除，然后覆盖地膜移栽。活棵后每亩用尿素 5 千克对水穴施，6 月底大量结瓜期每亩施尿素 15～20 千克，垄间用麦秆或玉米秸秆等覆盖以利于冬瓜伸蔓，及时整枝、打杈、压蔓，防治好霜霉病、角斑病和菜螟虫、红蜘蛛、蚜虫等病虫害。

4. 蚕豆/玉米/花生【实例 4】

江苏省如东等地应用该模式，蚕豆采收青荚，玉米采收青果穗，花生选用黑色品种，3 种作物均作富硒产品开发，通过富硒肥施用技术的应用有效地提高了产品附加值。

（1）*茬口配置*　蚕豆于 10 月下旬播种，大行距 90 厘米，小行距 40 厘米，穴距 20 厘米，每穴播种 2 粒；玉米采用小拱棚加盖地膜方式育苗，3 月 15 日左右播种，4 月 10 日左右在蚕豆大行间移栽 2 行，每亩密度 4 500株；花生于 6 月 15 日左右套种玉米大行内，小行距 40 厘米，穴距 20 厘米，每穴播种 2 粒，10 月花生采收。

（2）*品种选用*　①蚕豆，选用“日本大阪豆”等品种；②玉米，选择定名、适宜本地种植的优质糯玉米品种；③花生，选用本地优质黑花生等品种。

（3）*培管要点*　①蚕豆。播前每亩施磷肥 30 千克、硫酸钾 10 千克作基肥，冬前除草松土、防冻保苗，防治蚕豆赤斑病、褐斑病和蚜虫等病虫害，开花期间每亩施尿素 10 千克作花荚肥，同时用富硒康叶面肥 150 毫升加水 30 千克叶面喷施（晴天上午 10 点前或下午 4 点后用小孔喷头喷雾），籽粒饱满时及时采收，并拔除蚕豆秸秆。②玉米。定植前在蚕豆大行间每亩用腐熟有机肥 1 500千克、三元复合肥 30 千克开行深施，然后在施肥行两边移栽，适时施好拔节孕穗肥，玉米顶花抽出时每亩用富硒康叶面肥 150 毫升加水 30 千克用小孔喷头喷雾，防治好玉米螟、蚜虫，玉米乳熟期及时采收。③花生。播前在玉米大行中每亩有磷肥 30 千克、硫酸钾 10 千克开行条施，土质偏差的田块在花生开花期每亩施尿素 10 千克作花荚肥，同时喷施好富硒康叶面肥，及时防治病虫害。

5. 蚕豆＋榨菜/玉米/小辣椒【实例 5】

江苏省启东等地应用该模式，蚕豆采收青荚，玉米采收干籽，在秋播至玉米播种前增种一季榨菜，具有粮、菜、饲、经集约种植的特点。

（1）*茬口配置*　200 厘米为一组合。蚕豆于 10 月 15～20 日播种，每组合种植 2 行蚕豆，小行距 50 厘米，大行距 150 厘米，穴距 20 厘米；榨菜于 9 月下旬育苗，10 月下旬在蚕豆大行中间种植 2 行，行距 40 厘米，株距 18 厘米，每亩定植 3 700株左右；玉米套种在蚕豆大行中间，于翌年 4 月上中旬榨菜收获后套播 1 行，单行双株种植，每亩密度 3 500株左右；小辣椒于 4 月下旬播种育苗，在蚕豆采收青荚后于 5 月下旬移栽在玉米行间，移栽 4 行，行距 40 厘米，株距 13 厘米，每亩密度 10 000株左右。

（2）*品种选用*　①蚕豆，选用“启豆 5 号”等品种；②榨菜，选用“桐农 1 号”等品种；③玉米，选择定名、适宜本地种植的早熟高产春玉米品种；④小辣椒，选用“启东朝天椒”等品种。

（3）*培管要点*　①蚕豆。每亩施过磷酸钙 30～40 千克作基肥，及时用药防治地下害虫，3 月上中旬对长势旺盛、分枝密度过高的田块进行整枝，每米行长留健壮分枝50个左右，3月下旬至4月初每亩追施尿素5千克作花荚肥，重点防治蚕豆赤斑病。②榨菜。每亩施人畜粪肥500～700千克、复合肥40千克作基肥，活棵后每亩施尿素5千克作提苗肥，立春至雨水期间每亩施尿素8千克作返青肥，惊蛰至春分每亩施尿素15千克作块根膨大肥，做好壅根、防冻、清沟、理墒，防治白粉病、蚜虫等病虫害，适时收获。③玉米。每亩施专用复合肥40千克、碳铵30千克作基肥，三叶期每亩追施尿素7.5千克作苗肥，9～10张展开叶时每亩施碳铵50千克作穗肥，大喇叭口期用药灌心防治玉米螟。④小辣椒。移栽后每亩施尿素4～5千克作醒棵肥，初花期每亩施尿素20～25千克作花果肥，霜降后拔椒秆前7～10天，每亩用40%乙烯利150～200克对水40千克喷洒植株中上部，提高红椒率，及时防治炭疽病、棉铃虫、斜纹夜蛾等病虫害。

6. 蚕豆+榨菜/玉米/甘薯【实例6】

江苏省海门等地应用该模式，蚕豆采收青荚或干籽，每亩可收获青蚕豆籽350千克或干蚕豆籽150千克、榨菜鲜头2 500千克、玉米籽450千克、甘薯2 500千克。

（1）*茬口配置*　秋播时采取150厘米组合，每组合种一行蚕豆，蚕豆穴距23厘米，蚕豆空幅中种植4行榨菜，4行榨菜中间配好50厘米玉米埭，榨菜平均行距30厘米，株距15厘米。在4行榨菜中间种植1行双排春玉米，玉米于翌年3月底、4月初播种，行距150厘米，株距20厘米，每亩密度4 400株。蚕豆收获后于6月中下旬在玉米行间栽插两行甘薯，垄高35～40厘米，垄背宽50厘米，株距25厘米，每亩栽密度3 500株左右。

（2）品种选用 ①蚕豆，选用“海门大青皮”或“日本陵西 1 寸”；②榨菜，选用“桐农 1 号”等品种；③玉米，选择定名、适宜本地种植的早熟高产春玉米品种；④甘薯，选用鲜食烘烤型的“苏薯 8 号”或海门“水梨”等品种。

（3）培管要点 ①蚕豆。一般在寒露后开始播种。每亩施过磷酸钙 25～30 千克作基肥，及时用药防治地下害虫，3 月上中旬对长势旺盛、分枝密度过高的田块进行整枝，3 月下旬至 4 月初每亩追施尿素 5 千克作花荚肥，注意防治蚕豆赤斑病。②榨菜。9 月 25～30 日育苗，秧大田比 1∶7，苗龄达到 35～40 天开始移栽，移栽时每亩用 25% 复合肥 80～100 千克、过磷酸钙 40～50 千克作基肥，开好田间一套沟。1 月下旬和 2 月下旬施好膨大肥，每次每亩施碳铵 50 千克，清明节前后适时收获。③玉米。将榨菜叶深施作绿肥，每亩施用腐熟羊棚灰 500 千克、玉米专用肥 50 千克作基肥，植株展开叶 6～7 叶时每亩施用尿素 7～8 千克作拔节肥，展开叶 11～12 叶时每亩施用碳铵 50 千克或尿素 20～25 千克作穗肥，玉米大喇叭口期防治好玉米螟。④甘薯。清明后当地温达到 14℃ 时排薯育苗，育苗前整地施肥后做成 150 厘米长的苗床，浇足底水，按 33 厘米宽的行距开埭播种 5 行，出苗后浇水、追肥。大田起垄前施用毒土防治好地下害虫，薯苗栽插时深 5 厘米，入土节数不少 5 节，栽时浇足水。薯苗栽插成活后每亩浇施尿肥 3～5 千克作提苗肥，栽后 30 天每亩浇施尿素 5～8 千克作壮株结薯肥，薯藤叶封垄后每亩浇施尿素 5～8 千克作长薯肥。藤叶封垄前每亩用多效唑 50 克对水喷雾，控制藤蔓旺长。

7. 蚕豆/玉米＋洋扁豆/毛豆【实例 7】

江苏省启东等地应用该模式，蚕豆采收青荚，玉米采收干籽，洋扁豆采收青荚，模式中洋扁豆、青蚕豆、青毛豆是重要的豆类蔬菜，市场销售量大。一般每亩收获青蚕豆荚800千克，玉米籽500千克，洋扁豆青荚400千克，青毛豆鲜荚500千克。

（1）茬口配置　133～200厘米为一组合。蚕豆于秋季播种，133厘米组合种植1行（单行双株），200厘米组合种植2行（双行单株），小行距40厘米，穴距20厘米，每穴播种3～4粒；玉米于翌年3月底、4月初在蚕豆大行中间播种；洋扁豆与玉米同时播种（也可在玉米出苗后播种），种植在玉米株间，每4～5棵玉米间作1穴洋扁豆，每穴播种3～4粒，每亩850～1 000株；毛豆于6月上旬蚕豆收获后在玉米大行间播种，133厘米组合种植2行，200厘米组合种植3行，穴距30～33厘米，每穴2株。

（2）品种选用　①蚕豆，选用“启豆5号”等品种；②玉米，选择定名、适宜本地种植的早熟高产春玉米品种，如“苏玉20号”；③洋扁豆，选择地方品种“启东大白皮”；④毛豆，选用地方品种“小寒王”等品种。

（3）培管要点　①蚕豆。每亩施过磷酸钙40千克作基肥，蚕豆盛花期每亩施尿素7.5千克，初花至盛花期及时用药防治赤斑病，注意防治蚜虫。②玉米。133厘米组合的每亩密度3 500株，200厘米组合的每亩密度4 000株，每亩施复合肥50千克作基肥，拔节肥每亩施用人畜粪750千克或碳铵20千克，并壅根防倒，11～12张展开叶时每亩开沟埋施碳铵50千克作穗肥，干旱时要灌溉抗旱，大喇叭口期用药灌心防治玉米螟。③洋扁豆。以玉米秆为支架，藤蔓攀缘在玉米秆上，出苗后每亩施尿素5千克作苗肥，盛花期施尿素10千克作花荚肥，及时用药防治食心虫、蚜虫和红蜘蛛等。④毛豆。每亩施复合肥 15 千克作基肥，初花期每亩施用尿素 7.5 千克，及时防治大豆食心虫、蜗牛等害虫。

8. 蚕豆 + 菠菜/玉米/小辣椒【实例 8】

江苏省启东等地应用该模式，蚕豆采收干籽，玉米采收青果穗，在秋播至玉米播种前在蚕豆行间间作的大叶菠菜为出口蔬菜，经济效益显著，一般每亩收获蚕豆 175 千克、大叶菠菜 2 000千克、玉米青果穗 850 千克、鲜椒 500 千克，。

（1）茬口配置　200 厘米为一组合。蚕豆于 10 月中旬播种，每组合种植 2 行蚕豆，小行距 50 厘米，穴距 20 厘米；大叶菠菜于 10 月下旬在蚕豆大行间直播 4 行，穴距 5 厘米左右，每穴播种 1 ~ 2 粒；玉米套种在蚕豆大行中间，于翌年 4 月上旬大叶菠菜收获后套播 1 行，单行双株种植，穴距 20 厘米；小辣椒 5 月上旬播种育苗，6 月上旬在蚕豆收获后移栽于玉米行间，移栽 4 行，行距 40 厘米，株距 25 厘米，每亩密度 5 300株左右。

（2）品种选用　①蚕豆，选用“启豆 2 号”等品种；②菠菜，选用“超急先锋品种”等大叶菠菜品种；③玉米，选择定名、适宜本地种植的早熟优质糯玉米品种，如“苏玉糯 2 号”等；④小辣椒，选用“启东朝天椒”等品种。

（3）培管要点　①蚕豆。每亩施过磷酸钙 30 千克作基肥，盛花期每亩施尿素 5 ~ 6 千克作花荚肥，初花至盛花期注意用药防治赤斑病，加强蚜虫的防治。②菠菜。结合整地在蚕豆行间每亩施腐熟有机肥 1 000千克或三元复合肥 50 千克作基肥，齐苗后每穴留苗 1 株进行间苗，定苗后每亩施尿素 5 ~ 6 千克或碳酸氢铵 15 千克作提苗肥，以后每隔 10 ~ 15 天视天气和苗情每亩施尿素 15 千克或碳酸氢铵 25 ~ 30 千克，最后一次追肥在收获前15天结束，及时防治霜霉病、白锈病和菜青虫、小菜蛾、蚜虫等病虫害。③玉米。每亩施腐熟优质农家肥2 000千克、专用复合肥50千克作基肥，盖土后喷除草剂化除杂草，5～6叶期每亩施人畜粪肥500千克或碳酸氢铵10千克作拔节肥，9～10叶期每亩施碳酸氢铵50千克作穗肥，大喇叭口期用药灌心防治玉米螟。④小辣椒。苗床管理上在齐苗后每亩施7.5千克尿素作苗肥（2片真叶时间苗），蚕豆收获后清茬整平，每亩施复合肥50千克作基肥，先铺地膜后移栽定植，移栽后每亩施尿素4～5千克作醒棵肥，初花期每亩施尿素20～25千克作花果肥，霜降后拔椒秆前7～10天，每亩用40%乙烯利150～200克对水40千克喷洒植株中上部，提高红椒率，及时防治炭疽病、棉铃虫、斜纹夜蛾等病虫害。

9. 蚕豆/玉米—玉米【实例9】

江苏省如东等地应用该模式，蚕豆采收青荚，玉米采收青果穗，蚕豆作物接茬春、秋双季玉米，经济效益显著，一般每亩收获蚕豆青荚430千克、春玉米青果穗670千克、秋玉米青果穗710千克。

（1）茬口配置　250厘米为一组合，其中畦面宽220厘米、墒沟宽30厘米。蚕豆于10月底播种，每个畦面中间种植2行，行距70厘米，开穴点播，穴距20厘米，穴深5厘米，每穴播2～3粒；春玉米于3月底地膜直播，在蚕豆两侧空幅处各种植1行（与蚕豆间行距30厘米），穴距25厘米，每穴留苗2株；秋玉米在春玉米收获后（约7月20日前后）直播，大小行种植，大行行距90厘米，小行行距35厘米，株距27厘米。

（2）品种选用　①蚕豆，选用优质大粒鲜食蚕豆品种，如“通鲜1号”、“通鲜2号”、“苏03010”、“通蚕鲜6号”

等；②玉米，选择定名、适宜本地种植的优质高产糯玉米品种，如“苏玉糯 11 号”、“苏玉糯 14” 等。

（3）培管要点　①蚕豆。播前每亩施 25% 三元复合肥 30 千克作基肥，种肥隔开，每穴留苗 2 株，盛花期每亩追施尿素 10 千克，冬至前后去除主茎，春分前后去除病枝、弱枝，每株留有效分枝 4 ~6 个，在 4 月中旬摘心，及时用药防治赤斑病和蚜虫、蚕豆蟓，5 月中旬豆荚鼓粒饱满时分批采收。②春玉米和秋玉米。每亩施复合肥 40 千克、尿素 5 千克作基肥，开穴播种，5 ~6 叶时定苗（春玉米每穴留苗 2 株、秋玉米每穴留苗 1 株），5 ~6 片可见叶每亩施尿素 10 千克，大喇叭口期每亩施尿素 20 千克，抗旱排涝，用药防治苗期地下害虫和玉米螟，青果穗在花丝呈黑褐色、顶部籽粒有浓浆、籽粒行间无间隙时采收，适采期春玉米在吐丝后 20 ~25 天、秋玉米在吐丝后 30 天左右。

10. 蚕豆/玉米/玉米/玉米【实例 10】

江苏省海门等地应用该模式，蚕豆采收青荚，玉米采收青果穗，蚕豆作物接茬三季鲜食玉米，通过小拱棚覆盖及地膜覆盖，有效地利用了温光资源，一般每亩收获蚕豆青荚 700 千克、三季玉米青果穗 2 100千克。

（1）茬口配置　250 厘米为一组合。蚕豆于 10 月中旬种植 2 行蚕豆，两行间距 40 厘米；春玉米于翌年 2 月上旬采用营养钵育苗（一钵双株）、苗床采用小拱棚覆盖，3 月中旬移栽至蚕豆空幅内，每个空幅移栽两行，两行间距 50 厘米，移栽前在玉米行上铺 80 厘米宽的地膜，移栽后在玉米行上拱宽 80 厘米的小拱棚；5 月上中旬蚕豆采收青荚上市后，于 5 月下旬以同样的规格在春玉米在行中套种两行夏玉米；春玉米收青上市，于8月初在夏玉米大行中套种两行秋玉米。

（2）品种选用　①蚕豆，选用大粒优质品种，如“日本大阪豆”、“海门大青皮”、“海门大白皮”等；②玉米，选择定名、适宜本地种植的早熟优质糯玉米品种，如“苏玉糯2号”等。

（3）培管要点　①蚕豆。可开行定距穴播或用铁锹开洞穴播，每穴播种2~3粒，穴距20~25厘米，每亩穴施25千克复合肥作基肥，2月底、3月初搞好整枝定苗，摘除冻害苗和无效分枝，每穴留有效分枝4~6个，每亩施用尿素5千克作花荚肥，初花期每亩喷施多效唑抑制顶端生长，及时防治蚕豆赤斑病。②三季玉米。每季玉米播种前7天每亩施用羊厩肥500千克（或饼肥50千克）、专用复合肥40千克作基肥，每亩种植密度春玉米不少于5 000株、夏秋玉米不少于5 300株。早春玉米要护理好棚膜设施以防大风吹损，气温回升后开好通风口以防高温烧苗，加强前茬蚕豆扶理，6叶展开时必须施拔节肥，9~10叶展开时施好穗肥，及时防治好田鼠、蜗牛、地老虎和玉米螟。夏、秋玉米比春玉米生育期短，要在施足基肥基础上早施苗肥、适当早施重施穗肥，施肥时叶龄标准比春玉米提前1叶，如遇干旱，要加大兑水量，肥水结合追施，夏、秋玉米生长期间台风较多，在拔节始期用多效唑或在抽雄前7天喷施维他灵，控高防倒，要注意粉锈病防治。

11. 蚕豆+菜苋/玉米/甘薯【实例11】

江苏省海门等地应用该模式，蚕豆采收青荚，玉米采收青果穗，在秋播至玉米播种前在蚕豆行间间作菜苋，蚕豆收获清茬后种植甘薯，一般每亩收获蚕豆青荚700千克、春菜苋3 000千克、玉米青果穗750千克、甘薯2 500~3 000千克。

（1）茬口配置　133厘米为一组合。蚕豆于10月中旬播种，每组合种植1行蚕豆；菜苋于9月底育秧，11月上旬移栽在蚕豆穴幅间，每1个穴幅移栽2行，小行距33厘米，距蚕豆50厘米，株距13～17厘米；玉米于翌年3月中旬菜苋收获后套种在蚕豆空幅内；甘薯于3月中旬采用塑料拱棚育苗，待种薯长出幼苗后，于4月中旬剪苗移栽至其他空地进行二段育苗，6月中下旬在玉米行两侧起垄后及时栽插，每亩密度4 000株左右。

（2）品种选用　①蚕豆，选用大粒优质品种，如“日本大阪豆”、“海门大青皮”、“海门大白皮”等；②菜苋，选用“日本春华菜苋”品种；③玉米，选择定名、适宜本地种植的早熟优质糯玉米品种；④甘薯，选用鲜食烘烤型的“苏薯8号”或海门“水梨”等品种。

（3）培管要点　①蚕豆。可开行定距穴播或用铁锹开洞穴播，每穴播种2～3粒，穴距20～25厘米，每亩穴施25千克复合肥作基肥，注意用药防治赤斑病，加强蚜虫防治。②菜苋。栽后要浇足活棵水，并轻施苗肥一次，进入分枝期每亩施复合肥40千克或尿素20千克作薹花肥，3月中旬要适时分指摘收。③玉米。每亩施羊棚灰1 000千克、专用复合肥50千克作基肥，7叶展开时每亩施尿素6千克作拔节肥，11叶展开时每亩施尿素15～20千克作穗肥，及时防治地下害虫和玉米螟。④甘薯。玉米收获后每亩施尿素10～15千克作长苗结薯肥，后期喷施1～2次“膨大素”。

12. 蚕豆/玉米/玉米—胡萝卜【实例12】

江苏省南京等地应用该模式，蚕豆采收青荚，两季玉米均采收青果穗，秋玉米收获后播种胡萝卜，一般每亩收获蚕豆青荚750千克、玉米青果穗1 300千克、胡萝卜5 000千克。

（1）茬口配置　畦宽280厘米（含墒沟）。蚕豆于10月20日左右播种，每畦种植4行，行距70厘米，穴距29~30厘米，每亩330穴，每穴播种3粒；春玉米于3月20日塑料小拱棚育苗，4月中旬地膜移栽、套种在蚕豆行间，行距70厘米，株距18~20厘米；夏玉米在蚕豆青荚收获后直播，套种在收获的蚕豆行上，行距70厘米，株距18~20厘米；胡萝卜于夏玉米收获后在8月10日左右播种。

（2）品种选用　①蚕豆，选用浙江的"慈溪大白皮"等品种；②玉米，选择定名、适宜本地种植的早熟优质糯玉米品种，如"苏玉糯"系列、"金城花糯"等品种；③胡萝卜，选用"黑田五寸人参"等品种。

（3）培管要点　①蚕豆。每亩施用7.5千克氯化钾作基肥，3月上旬每亩7.5千克氯化钾，4月初注意用药防治后期病害，盛花期择晴天去顶摘心（摘除1叶1心）。②玉米。施足基肥，补施苗肥，重施拔节孕穗肥，每亩总施氮量（N）15千克左右，大喇叭口期用药灌心防治玉米螟。③胡萝卜。夏玉米收获后及时耕翻播种，每亩用种量0.7~1千克，出苗后早施苗肥，肉质根膨大初期每亩施尿素10千克，并根据土壤墒情适时补水。

13. 蚕豆—玉米/胡萝卜—荞麦【实例13】

江苏省姜堰等地应用该模式，蚕豆采收青荚，玉米采收干籽，胡萝卜采割胡萝卜缨，经济效益显著，一般每亩收获蚕豆青荚1 500千克、胡萝卜缨200千克、玉米500千克、荞麦150千克。

（1）茬口配置　333厘米为一组合（含墒沟）。蚕豆于10月底播种，每个组合播种6行，行距55厘米，株距10厘米；

玉米在蚕豆收获清茬后种植，按大行 90 厘米、小行 33 厘米播种 6 行，株距 22 厘米；胡萝卜在玉米大行中撒播；荞麦在玉米让茬后于 8 月初前播种。

（2）品种选用 ①蚕豆，选用优质大粒鲜食蚕豆品种；②玉米，选择定名、适宜本地种植的优质高产玉米品种；③胡萝卜，选用茎叶生长量大，生长速度快，食口性好的胡萝卜品种；④荞麦，选用“甘荞 2 号”、“榆荞 2 号”和“日本大粒荞”等品种。

（3）培管要点 ①蚕豆。高标准开好沟系，施足有机肥，尽早耕翻冻晒垡，熟化土壤，培肥地力。播前晒种、选种和浸种催芽，越冬期增施粗灰杂肥护根防寒，春节前后去除枯茎，初花期去除无效分枝，并对旺长苗喷施多效唑进行化控，盛花期打顶。结合防治赤枯病、蚜虫等病虫，根外喷施 883 营养液促进开花结荚，豆荚粒鼓后分批采收青荚上市。②玉米。播前 15 天深翻土壤，每亩施用有机肥 3 000千克以上、25% 复混肥 40 千克左右作基肥并多次翻倒拌和，播前用药防治地下害虫，播后覆盖好地膜，6 片真叶展开时追肥，见展叶差为 5 时重用穗肥，及时用药防治病虫防治，注意防旱降渍。③胡萝卜。播种前晒种 1~2 天，搓去刺毛、簸净备播，播前施足腐熟有机肥，耕翻碎垡，精细整地，均匀撒播后轻轻耙平，用脚踩压 1 遍，施用除草剂防除杂草，播后若持续干旱可浇 1 次足水促出苗，出苗后结合浇水，每隔 7 天左右追施 1 次无渣的稀粪水，苗高 20 厘米左右、5~6 片真叶时逐步间大苗上市，留下小苗继续追施肥水促进生长。④荞麦。可条播、点播和撒播，条播行距以 33 厘米为宜，覆土厚 3 厘米，每亩播种量 2~3 千克，基本苗 3.5 万左右，播前耕翻晒垡，精细整地，每亩施尿素 5 千克或 25% 三元复合肥 40 千克作基肥，播种后遇雨地块板结时需浅中耕1次，划破地皮帮助幼苗出土，以后根据杂草情况进行1~2次浅中耕（苗高30厘米前完成中耕除草），苗期施尿素1千克，盛花期施25%三元复合肥20千克，氮肥施用过多过晚易引起开花延迟和后期倒伏，注意灌水抗旱和排水降渍，放养蜜蜂或人工辅助授粉可提高结实率，全株籽实有2/3呈黑褐色时收获。

三、蔬菜接茬玉米集约种植模式

蔬菜的种类繁多，各种蔬菜的生长发育对温度有一定的要求。蔬菜接茬玉米模式中，蔬菜多为秋播种植或是早春种植，在露地或是简易小拱棚覆盖下种植，通常选择耐寒蔬菜或是半耐寒的蔬菜。耐寒蔬菜主要有葱蒜类及多年生蔬菜、菠菜、香菜、芹菜等，这些蔬菜适应的最低温度-10~-1℃；半耐寒蔬菜主要有白菜类、甘蓝、根菜类、马铃薯、莴苣、蚕豆、豌豆等，这些蔬菜适应的最低温度-2~-1℃。通常情况下，耐寒蔬菜和半耐寒蔬菜良好生长的适宜温度15~20℃，最高温度28~30℃。秋播种植的越冬蔬菜主要有大蒜、蒿菜、榨菜、莴苣、青菜、菠菜、豌豆等。早春种植蔬菜主要有马铃薯等。蔬菜接茬玉米，大田生育期上能够较好地衔接，通过玉米育苗移栽或地膜覆盖等，进行共生期的调节，茬口布局的弹性较大，同时玉米作物根系旺盛、吸肥量大，利用于克服蔬菜的连作障碍。蔬菜接茬种植的玉米，大多选用鲜食的糯（甜）玉米，通过采摘青果穗上市以提高种植效益。可在玉米行间间作矮秆作物，或是套作、连作秋熟作物，实现一年多熟种植。早春种植的马铃薯，通过小拱棚+地膜等多层覆盖等增温措施，促进马铃薯早熟、高效，减少与套作玉米的共生期。冬季田间要及早培肥，种植马铃薯时要预留好玉米种植行。

1. 马铃薯/玉米—大白菜【实例14】

江苏省海安等地应用该模式，一般每亩收获马铃薯1 500千克、玉米750~900千克、大白菜5 000千克。

（1）茬口配置　180厘米为一组合。马铃薯播种于120厘米播幅中，两边各30厘米播幅留作播种玉米，1月上中旬播种完毕（冷冬年份适当提前、暖冬年份可适当延迟），每一组合中间120厘米播幅中播种5行马铃薯，行距30厘米、穴距20~25厘米，每亩9 000穴左右，每穴播1块，播后覆地膜并小棚覆盖，4月下旬开始收获；玉米于3月底、4月初在预留空幅中双行播种，穴播，穴距20~25厘米，每穴2粒，每亩用种量2.5~3千克，地膜覆盖，7月底收获；大白菜于8月中下旬播种育苗，8月底、9月初移栽定植，畦面宽180厘米，行距45~50厘米，株距45~50厘米,，每亩栽2 500~3 000株。

（2）品种选用　①马铃薯，选用“超白”、“紫花白”、“特早60”等品种；②玉米，选用“苏玉19号”、“苏玉20号”、“登海9号”等品种；③大白菜，选用“改良青杂3号”、“87-114”等品种。

（3）培管要点　①马铃薯。播前一个月每亩施优质农家肥1 500~2 000千克、25%三元复合肥50千克作基肥，整地耕翻（耕深20厘米），作畦（畦面宽180厘米）、沟系配套。选择无虫眼、无病斑、芽眼多的种薯，播前15~20天切块（每块具1~2个芽眼），在小拱棚内覆土催芽，点播，芽眼侧放于播种穴内，播种结束后覆盖地膜，用2米长竹片搭建小棚覆盖薄膜，播种后至出苗一般不揭膜，出苗后棚温高于20~

25℃时揭膜通小风，开花结薯期棚温保持18～20℃，发棵初期视苗情每亩穴施腐熟人畜粪水500千克、尿素10～15千克，苗高15～20厘米时结合追肥进行除草，初花期时再除草一次，加强病虫害防治，开花后40～45天开始分批采收。②玉米。2月初在马铃薯播幅两侧30厘米内每亩施1 000千克有机肥、40%复混肥20～25千克耕翻，整成50厘米宽畦面，适期播种，播后覆盖地膜，出苗后及时破膜放苗，5～6叶期至拔节期每亩施粪肥500千克稀释加尿素10千克，大喇叭口期每亩施用BB肥15～20千克、尿素10～15千克（距植株基部20～25厘米处开塘施后覆土），生长期间保持田间持水量70%～80%，加强病虫害防治。③大白菜。育苗移栽，定植前25～30天，每亩施腐熟有机肥1 500～2 000千克、蔬菜专用复合肥50千克，耕翻土壤（耕深20厘米）、整地做畦，4～5叶时移栽（苗龄18～20天），莲座期每亩施粪水750～1 000千克加尿素15～20千克作发棵肥，团棵至灌心期每亩施人畜粪1 000～1 500千克加40%复合肥20～25千克，施肥后及时浇水，移栽活棵时中耕除草，莲座期结合追肥再中耕除草，加强病虫害防治。

2. 马铃薯/玉米—玉米【实例15】

江苏省海门等地应用该模式，玉米种植鲜食玉米采收青果穗，一般每亩收获马铃薯1 500千克、玉米青果穗1 500千克。

（1）茬口配置　133厘米为一组合。马铃薯于1月初播种，每组合播种2行，行距33厘米、穴距20厘米，每亩5 000穴左右，每穴播1块，播后覆地膜并盖小拱棚覆盖，5月上旬收获；玉米于3月底、4月初在马铃薯100厘米大行中播种，单行双株，穴距18～20厘米，6月下旬青果穗上市；7月中下旬种植秋玉米，密度适当加大，株距 18 厘米，每亩密度 5 500株。

（2）*品种选用*　①马铃薯，选用“克新 1 号”等品种；②玉米，春玉米选用“苏玉糯 1 号”、“苏玉糯 2 号”等品种，秋玉米选用“通玉糯 1 号”或“苏玉糯 1 号”等品种。

（3）*培管要点*　①马铃薯。播前把每个种薯块切成 3 ~ 5 块，每块留 1 ~ 2 个芽眼，每亩用薯量 200 千克左右，先用新鲜草木灰拌种，待吸干浆液后播种，播前深翻 20 厘米，每亩施腐熟的羊棚灰等杂肥 1 000千克，开沟深施 500 千克粪肥后播种，及时盖土覆膜、加盖小拱棚，齐苗后破膜放苗并追施粪肥每亩 500 千克，现蕾前再追施粪肥 1 000千克。②玉米。春玉米每亩开沟深施灰杂肥 2 000千克、复合肥 20 千克作基肥，填平后每亩浇施粪肥 500 千克、碳铵 20 千克，施用拔节肥和穗肥，及时防治病虫害。秋玉米的种植密度适当加大，追肥期提早 1 个叶龄，用好化学调控增强抗逆能力。

3. 马铃薯/玉米—大白菜—大蒜【实例 16】

江苏省海门等地应用该模式，玉米种植鲜食玉米采收青果穗，大蒜采收青蒜，一般每亩收获马铃薯 1 500千克、玉米青果穗 750 千克、大白菜 4 000千克、青蒜 1 800千克。

（1）*茬口配置*　180 厘米宽为一组合，马铃薯于 12 月下旬至翌年 1 月中旬种植，在其 100 厘米宽内种植 3 行，地膜覆盖，4 月下旬至 5 月上旬采收；玉米于 2 月底用塑料拱棚育苗，3 月中下旬移栽于 80 厘米宽的空幅内，小行距 40 厘米，株距 20 ~ 25 厘米，双行移栽，每亩栽 3 000 ~ 3 700株，5 月底至 6 月上旬采收；大白菜于 5 月中下旬种植第 1 批，在马铃薯采收后的 100 厘米空幅内种植 2 行，6 月中下旬种植第 2

批，在玉米采收后的80厘米空幅内种植2行，行距50厘米，株距45厘米，每亩栽3 000株，第1批7月下旬开始采收，第2批在8月中旬开始上市；大蒜于8月底全田起垄密植栽培，10月初开始抽行陆续上市。

（2）品种选用　①马铃薯，选用“克新1号”或“克新4号”等品种；②玉米，选用“苏玉糯1号”等品种；③大白菜，选用“春阳”、“夏阳50”等品种；④大蒜，选用“太仓白蒜”或“百叶蒜”等品种。

（3）培管要点　①马铃薯。播前选择表皮光滑、芽眼匀称的无病薯块，每亩用种量100千克，播前每亩施灰肥1 500千克、过磷酸钙50千克、复合肥20千克作基肥，播种覆土后喷除草剂，然后覆盖地膜，翌年春马铃薯出苗后用小拱架将地膜拱起，初花期用15%多效唑16.5克对水50千克喷1～2次，促进块茎膨大。②玉米。移栽前每亩施复合肥25千克、粪肥1 500千克作基肥，移栽后搭小拱棚覆盖薄膜，生长中期及时培土壅根，大喇叭口期防治玉米螟，每亩施尿素25千克作穗肥。③大白菜。播前每亩施复合肥40千克、粪肥1 500千克作基肥，土壤翻耕平整后开穴直播，每穴播3～4粒，及时间苗、定苗、移密补缺，并进行中耕松土，烈日天气用遮阳网和防虫网遮阳、防虫，播后25天左右每亩开塘穴施粪肥1 500千克、尿素25千克作团棵肥，团棵后遇雨要及时用薄膜覆盖，及时防治霜霉病和软腐病。④大蒜。每亩用种量40千克，播前每亩施复合肥50千克、灰杂肥1 500千克作基肥，播种覆土后每亩覆盖麦秸300千克，幼苗3叶后每隔10～15天浇施1次加入少量速效氮肥的薄粪水，10月开始上市，入冬前后采收结束，亦可留少量单行收老蒜头。

4. 马铃薯/玉米—刀豆/玉米【实例17】

江苏省海门等地应用该模式，玉米种植鲜食玉米采收青果穗，一般每亩收获马铃薯1 000千克、玉米青果穗1 450千克、刀豆500 千克。

（1）*茬口配置*　马铃薯于1 月上旬播种，小行行距46.7厘米，大行行距86.7 厘米，株距20 厘米，地膜覆盖并搭小拱棚；春玉米于3 月中旬在马铃薯大行中间播种一行，地膜覆盖，每亩密度5 000 ~ 5 200株；刀豆在春玉米收获后在其棵间穴播，每穴3 粒；秋玉米于8 月10 日前种植在春玉米行间，每亩密度5 300株左右。

（2）*品种选用*　①马铃薯，选用“克新1 号”等品种；②玉米，选用“苏玉糯1 号”、“苏玉糯2 号”等苏玉糯系列或“通玉糯1 号”、“紫玉糯”、“沪玉糯”等品种；③刀豆，选用“78204”、“白籽架刀豆”等品种。

（3）*培管要点*　①马铃薯。播前在小行中间每亩施有机肥300 ~400 千克、复合肥40 千克作基肥，播后即覆盖除草地膜、并搭小拱棚增温，一般于3 月中旬破膜放苗，春季断霜后拆除小拱棚，见花期喷施1 ~2 次丰产素。②玉米。春玉米，每亩用羊棚灰500 千克和玉米专用肥40 千克施足基肥，4 月底和5 月中旬因苗制宜施用拔节肥和穗肥，大喇叭口期用药灌心防治玉米螟。秋玉米每亩移栽时每亩施用复合肥7.5 ~10 千克并浇施稀水粪，苗期每亩追施尿素7.5 ~10 千克，拔节孕穗期每亩用碳铵和复合肥各10 ~15 千克穴施，大喇叭口期防治玉米螟。秋玉米，每亩施玉米专用肥40 ~50 千克作基肥，拔节孕穗期每亩追施尿素15 ~20 千克，及时防治玉米大斑病、小斑病和锈病。③刀豆。出苗后每亩施用尿素5 千克作壮苗肥，5~6叶期喷施多效唑促壮，见花后结合防病治虫喷施磷酸二氢钾。

5. 马铃薯/（玉米+毛豆）—青花菜【实例18】

江苏省靖江等地应用该模式，玉米种植鲜食玉米采收青果穗，一般每亩收获马铃薯1 000千克、玉米青果穗750千克、毛豆600千克、青花菜750千克。

（1）茬口配置　120厘米为一种植组合。马铃薯于1月上旬双膜保温催芽，2月上旬地膜起垄定植，小行行距33厘米，大行行距87厘米，株距25~27厘米，4月下旬至5月上旬采收；玉米于3月中旬塑盘育苗，4月上旬双行套栽在空幅中间，小行距40厘米、株距25厘米，6月底至7月上旬采收青果穗上市；毛豆于5月下旬在马铃薯采收后的空幅内穴播，播种2行，穴距27~30厘米，每穴播种3~4粒，每亩播种4 000穴，8月中旬采收青豆荚；青花菜于7月下旬遮阳网育苗，8月下旬移栽，11月份开始采收上市。

（2）品种选用　①马铃薯，选用“克新1号”、“克新4号”等品种；②玉米，选用“苏玉糯1号”、“中糯1号”等品种；③毛豆，选用“台湾292”、“台湾75”等品种；④青花菜，选用耐热、抗逆性强品种，如“圣绿”、“珠绿”等。

（3）培管要点　①马铃薯。播前1个月选表皮光滑、薯块端正、芽眼匀称的无病种薯切块催芽，切块一般重30~40克，每块芽眼2个左右，要求床温保持16℃左右，当薯块芽长1厘米左右时，揭膜炼芽2~3天即可定移植，定植前结合耕翻整地每亩基施腐熟土杂灰肥1 500~2 000千克、硫酸钾复合肥50千克作基肥，播后覆盖地膜，齐苗后破膜放苗，苗高10~15厘米时看苗每亩浇施腐熟粪1 500千克，盛蕾期每亩用

15% 多效唑 15 克对水 50 千克喷雾，中后期叶面喷施 0.2% 磷酸二氢钾 1～2 次，及时防治地下害虫。②玉米。移栽时每亩施用复合肥 7.5～10 千克并浇施稀水粪，苗期每亩追施尿素 7.5～10 千克，拔节孕穗期每亩用碳铵和复合肥各 10～15 千克穴施，大喇叭口期防治玉米螟。③毛豆。3 张复叶展平后，每亩施高效复合肥 15～20 千克、人畜粪 1 000千克，开花结荚期追肥 1～2 次，每次每亩施复合肥 10～15 千克，及时防治蚜虫。④青花菜。定植前每亩施腐熟有机肥 1 500～2 000千克、复合肥 20 千克，适当增施硼肥和钙肥，生长前期追肥 2～3 次，每亩施稀薄粪肥 500～750 千克或尿素 8～10 千克，当植株 12～13 片叶时每亩追施复合肥 20～25 千克，苗期中耕培土 1～2 次，顶球专用品种及时抹去侧芽，注意防治软腐病、霜霉病和小菜蛾、菜青虫等病虫害。

6. 马铃薯/玉米/甘薯/（玉米—萝卜）【实例 19】

江苏省泰兴等地应用该模式，春、夏玉米种植鲜食玉米采收青果穗，一般每亩收获马铃薯 1 400千克、玉米青果穗 700 千克、甘薯 2 000千克、萝卜等蔬菜 2 000千克。

（1）*茬口配置*　采用（350 +150）厘米种植组合。马铃薯于 2 月上旬播种，种植在 350 厘米空幅内，高垄双行，垄距 85～90 厘米，垄高 20～25 厘米，株距 25～30 厘米，地膜覆盖，5 月 25 日左右收获清茬；春玉米于 2 月底营养钵育苗小拱棚覆盖，3 月底移栽大田 150 厘米空幅内，每幅移栽 2 组 4 行，中间大行 60 厘米，两边小行各 25 厘米，株距 25 厘米，6 月上旬采收清茬；甘薯于马铃薯采收后 350 厘米宽幅内种植，筑垄栽插，垄距同马铃薯，垄高 30～35 厘米，株距 25 厘米，10 月底收获；夏玉米于春玉米收获后行幅内种植，种植规格同春玉米，8月中旬采收；萝卜在夏玉米收获后的行幅内种植，甘薯收获后在其行幅再移栽青菜等。

（2）*品种选用* ①马铃薯，选用“克新4号”等品种；②玉米，选用“苏玉糯1号”、“紫玉糯1号”、“苏甜8号”等品种；③甘薯，选用“北京553”、“徐薯18”等品种；④萝卜，选用生育期较短的“红心萝卜”等品种。

（3）*培管要点* ①马铃薯。1月选好种薯、切块消毒，用大棚或小拱棚催芽，待芽长1～2厘米时移植大田，大田每亩施腐熟杂灰或粪肥2 000千克、高浓度复合肥40千克作基肥，施后深翻25厘米，整地作垅播种，播后化除覆盖地膜，齐苗后破膜放苗，苗期及时除草，每亩点浇腐熟薄水粪1 200千克加尿素5千克，现蕾期视苗情每亩施薄水粪1 000千克，开花前摘除花蕾，旺长田喷施维它灵4号化控，及时抗旱排涝、防病治虫。②玉米。春玉米钵育苗龄30～35天，叶龄4叶移栽大田，大田每亩施腐熟杂灰或粪肥1 500千克、高浓度复合肥30千克作基肥集中施于小行，深翻20厘米，精细整地，定距打塘移栽，栽后足水沉实。夏玉米基肥同春玉米，关键抓好直播质量，适当增加播量、多次间苗。春、夏玉米一般分两次追肥，拔节前每亩施人畜粪1 000千克加碳铵15千克，8～10叶展开时（夏玉米宜早施），每亩施碳铵50千克或尿素25千克，搞好培土壅根和防病治虫。③甘薯。春马铃薯收获时破垅整平，每亩施杂灰1 500千克、磷肥20千克、草木灰100千克作基肥，整地作垅栽插甘薯，栽后10～15天每亩施腐熟薄水粪1 000千克作提苗肥，8月中下旬视苗情亩施腐熟人畜粪1 000千克左右作裂缝肥，并增施草木灰50～100千克，栽后20天左右摘去薯苗顶心促分枝萌发，雨后适当提藤（切忌翻藤），中后期注意控制旺长，藤蔓过多的要适当疏藤，去弱留强、去老留嫩，及时排涝、抗旱和防治害虫。④萝卜。萝卜及青菜等秋冬蔬菜管理同常规。

7. 大蒜/玉米—刀豆【实例20】

江苏省启东等地应用该模式，一般每亩收获大蒜头500千克、蒜薹150~200千克、玉米500千克、刀豆3 000千克。

（1）*茬口配置*　133厘米为一组合。大蒜于10月上旬播种，每一组合种植4行大蒜，行距30厘米，株距10厘米，每4行大蒜间留空幅43厘米，大蒜每亩密度2万株左右；玉米于翌年4月初套播在大蒜的空幅春播1行玉米，单行双株，株距0.23米，每亩密度4 350株左右，7月底玉米收获；立秋前后播种秋刀豆，行距60厘米，穴距20厘米左右，每穴3~4粒，每亩密度2万株左右。

（2）*品种选用*　①大蒜，选用“太仓白皮蒜”等品种；②玉米，选择审定定名、适宜本地种植、丰产性强的春玉米品种；③刀豆，选用“81-6”、“地王星”等品种。

（3）*培管要点*　①大蒜。每亩施复合肥50千克作基肥，苗期每亩施人畜粪肥500千克，翌年1月中旬在大蒜行间开沟每亩施腐熟优质有机肥1 500千克促发棵，4月20日前后每亩施尿素15千克促进蒜头膨大。②玉米。每亩施专用复合肥50千克作基肥。三叶期每亩施人畜粪肥500千克或碳铵15千克，9~10叶展开时每亩施碳铵50千克作穗肥，大喇叭口期及时用药灌心防治玉米螟。③刀豆。玉米收获后清茬整地、适墒播种，每亩施复合肥50千克作基肥，初花期每亩施尿素20千克，遇干旱要及时抗旱保苗，及时防治豆荚螟。

8. 蒿菜—玉米—豌豆【实例21】

江苏省启东等地应用该模式，蒿菜通过腌制加工，豌豆采收青豆荚，一般每亩收获蒿菜5 000～5 500千克、玉米550～600千克、豌豆青荚500～600千克。

（1）茬口配置　蒿菜于10月上旬育苗，11月上中旬移栽，行距50厘米，株距33厘米，每亩密度在4 000株左右，3月下旬收获结束；玉米于4月上旬播种，100厘米行距，单行双株，每亩密度在5 000株左右，8月中旬收获；豌豆于9月5～10日播种，行距33厘米，每100厘米行长下种30～35粒，每亩播种量12～15千克，11月上中旬青荚上市。

（2）品种选用　①蒿菜，选用日本“三池蒿菜”等品种；②玉米，选择审定定名、适宜本地种植、丰产性强的春玉米品种；③豌豆，选用“中豌6号”等品种。

（3）培管要点　①蒿菜。移栽前7天翻耕、施肥、整地，每亩施腐熟有机肥2 000千克、45%三元复合肥50千克、硼砂0.5千克作基肥，肥土混合均匀，移栽后浇足活棵水，活棵前每天傍晚前及时补水，活棵后每亩用尿素5千克对水浇施，冬前每亩用钾肥5千克、人畜粪350千克加水浇施，结合中耕除草、培土壅根，春后每亩施尿素20千克作春发肥，开沟对水浇施后盖土，3月初用尿素5千克对水浇施，及时防治软腐病、霜霉病和蚜虫、菜青虫等病虫害。②玉米。蒿菜收获后清理杂草、残叶，每亩施45%三元复合肥50千克作基肥，齐苗后每亩用人畜肥1 000千克或碳铵15千克对水浇施，12～13叶期时每亩施碳铵50千克，并壅土防倒，重点防治好玉米螟。③豌豆。前茬玉米收获后及时清理残留秸秆，每亩施45%三元复合肥50千克、优质腐熟农家肥1 000千克作基肥，播种时如遇土壤墒情差，应先浇足底墒水后播种，秋豌豆生育期短，肥料运筹上采取一基一追简化施肥法，一般在初花期至盛花期看苗施用，每亩施尿素 20 千克左右，及时防治病虫害。

9. 甘蓝—玉米—花菜【实例 22】

上海市浦东新区等地应用该模式，玉米采收青果穗，一般每亩收获甘蓝 4 000 千克、玉米青果穗 800 千克、花菜 1 500 千克。

（1）茬口配置　甘蓝于 2 月上旬小拱棚育苗，3 月中下旬移栽，畦宽（含沟）200 厘米，每畦 4 行，行距 50 厘米，穴距 30 厘米，每穴 1 株，5 月上中旬采收；玉米于 5 月中旬育苗，5 月下旬移栽，畦宽（含沟）240 厘米，每畦 4 行，宽窄行种植，穴距 30 厘米，每穴 1 株，每亩密度 3 500 株左右，8 月中下旬采收；花菜于 7 月下旬育苗，8 月底、9 月初移栽，畦宽（含沟）200 厘米，每畦 4 行，行距 50 厘米，穴距 40 厘米，每穴 1 株，12 月下旬至翌年 1 月采收。

（2）品种选用　①甘蓝，选用早熟、抗寒、高产、商品性好、适合市场需求的平头品种，如“迎春”、“强力—50”等；②玉米，选择审定定名、适宜本地种植、优质高产糯玉米品种；③花菜，选用抗病、耐寒、丰产性好的品种，如“申雪 108 天”、“申雪 120 天”等品种。。

（3）培管要点　①甘蓝。每亩大田需苗床 30 平方米，用种量为 25 克，播种后浇水覆膜，搭拱棚保温，出苗后揭去地膜，大田在移栽前 10～15 天每亩施 45% 三元复合肥 50 千克作基肥，深耕、开沟、筑畦，移栽定植时边栽边浇活棵水，1 周后再浇水 1 次，移栽后 2 周每亩施尿素 10 千克，结球期每亩施尿素 15 千克，及时防治小菜蛾、菜青虫、蚜虫、黄条跳甲等害虫。②玉米。甘蓝清茬后每亩施45%三元复合肥50千克作基肥，机械深耕开沟筑畦，2叶1心小苗移栽，边栽边浇活棵水，移栽3～5天后查苗补缺，1周后再浇水1次，移栽后2周每亩施尿素10千克，大喇叭口期每亩施尿素20千克，以水带肥施入，及时除去分蘖，及时防治小地老虎、玉米螟、蚜虫等害虫。③花菜。每亩大田需苗床30平方米，用种量25克，播种育苗覆盖遮阳网，出苗后揭去遮阳网，保持苗床湿润，玉米清茬后每亩施有机肥1 000千克、45%三元复合肥50千克，深耕、开沟、筑畦，边栽边浇活棵水，1周后再浇水1次，移栽后2周每亩施尿素10千克，移栽后1个月左右每亩施尿素15千克，结球期每亩施尿素15千克，以水带肥施入，及时防治小菜蛾、菜青虫、蚜虫、烟粉虱、黄条跳甲、斜纹夜娥、甜菜夜蛾等害虫。

10. 榨菜—玉米/甘薯【实例23】

江苏省海门等地应用该模式，一般每亩收获榨菜（鲜头）3 000千克、玉米500千克、甘薯2 500千克。

（1）茬口配置　200厘米一个组合。榨菜于秋分节前后育苗，10月底移栽，每一组合中间移栽6行，行距30厘米，株距12～13厘米，每亩密度15 000株左右，组合间距50厘米（便于田间管理）；玉米在榨菜收获后直播，等行双株种植，行距140～150厘米，穴距20厘米，每亩密度4 400株左右；甘薯掌握在14℃以上时排薯育苗，一般在5月下旬至7月上旬剪取20～25厘米长的壮苗，高垄双行栽插在玉米空幅中间，株距23厘米，每亩密度4 000株左右。

（2）品种选用　①榨菜，选用“桐农1号”等品种；②玉米，选用审定定名、适宜本地种植丰产性强的春玉米品种；③甘薯，选用鲜食烘烤型的“苏薯8号”或海门“水梨”等品种。。

（3）*培管要点* ①榨菜。按1∶7留足苗床，培育适龄壮苗（秧龄35天左右），大田亩施复合肥100千克、过磷酸钙50千克作基肥，深翻后开埭移栽，田间沟系配套，分别在翌年1月下旬和2月下旬每亩施碳铵50千克，清明节前后收获。②玉米。榨菜收获后的茎叶深埋作绿肥，每亩施羊棚灰500～750千克、专用复合肥50千克作基肥深施在播种行处，浅盖土后播种，6～7片叶展开时每亩施尿素7.5千克，11～12片叶展开时每亩施碳铵50千克，注意防治地下害虫和玉米螟。叶差5时重施穗肥，注意排水、防旱，加强病虫防治。③甘薯。育苗前整地施肥，做成150厘米宽的苗床，浇足底水，按33厘米的行距开埭播种5行，出苗后浇水、追肥，高垄双行交错移栽，垄高35厘米，垄背宽26～30厘米，起垄前施用毒土防治地下害虫，移栽时薯苗入土4～6节、深5～7厘米，栽插后浇足水、封好穴，甘薯大田期重点施好提苗肥、壮株结薯肥和长薯肥，栽插成活后每亩浇施尿素3～5千克作提苗肥，栽后30天每亩浇施尿素5～8千克作壮株结薯肥，薯藤叶封垄后每亩浇施尿素5～8千克作长薯肥，藤叶封垄前喷施多效唑控制旺长。

11. 莴苣—玉米/（大白菜—扁豆）【实例24】

江苏省姜堰等地应用该模式，一般每亩收获莴苣3 000千克、大白菜750千克、玉米550千克、扁豆750千克。

（1）*茬口配置* 畦宽333厘米（含墒沟），莴苣育苗移栽，于10月底、11月初移栽大田，每畦定植12行，行距28厘米，株距22厘米；玉米于4月中旬莴苣让茬后，按大行距

90 厘米、小行距 33 厘米移栽或直播，株距 22 厘米；大白菜于 3 月上旬育苗，移栽玉米同时在玉米大行中移栽两行大白菜，行距 35 厘米，株距 30 厘米；扁豆于 5 月下旬播种育苗，春大白菜让茬后在玉米株间按株距 150 厘米套栽扁豆，小行两侧套栽位置相对错开。

（2）品种选用 ①莴苣，选用产量高、品质好、较耐寒的品种，如“特大二白皮”、“泰州尖叶香”等；②玉米，选用审定定名、适宜本地种植春玉米品种；③大白菜，选用品质好、产量高、耐抽薹品种，如“韩国强势”等；④扁豆，选用产量高、品质好的中晚熟品种。

（3）培管要点 ①莴苣。育苗需浸种并进行低温处理，每亩大田施腐熟有机肥 3 000千克、25% 氮磷钾复合肥 50 千克作基肥，深耕晒垡、深沟高畦，移栽后浇足活棵水，活棵后追施 1 次稀粪水，返青后连续追肥 2 ~ 3 次，每次每亩施用优质有机肥 2 000千克或 25% 氮磷钾复合肥 30 千克，注意排水降渍，当心叶与外叶持平时即可采收。②玉米。播前 15 天深翻土壤，每亩施有机肥 3 000千克以上、25% 复混肥 40 千克作基肥，播前用药防治地下害虫，播后覆盖地膜，6 片叶展开时追施拔节肥，见展叶差 5 时重施穗肥，注意排水、防旱，加强病虫防治。③大白菜。3 月上旬播种育苗，每亩苗床播种量 1 千克左右，可移栽 7 ~ 10 亩大田，大田每亩施腐熟有机肥 3 000千克、25% 氮磷钾复合肥 30 千克作基肥，深耕晒垡并筑 6 厘米高的小垄，苗龄 20 天左右、4 片真叶时按规格移栽，栽后浇足活棵水，活棵后查苗补缺并追施稀粪水，少数植株开始团棵时每亩施优质腐熟人畜粪 1 000千克、氯化钾 5 ~ 10 千克作发棵肥，结球前 5 ~ 6 天每亩施尿素 50 千克、氯化钾 5 ~ 10 千克作结球肥，天气干旱时适当浇水，注意防治病毒病、霜霉病、软腐病和蚜虫、菜青虫、小菜蛾、蛴螬和蝼蛄等病虫害。④扁豆。采用直径、高度均为10厘米的营养钵育苗，每钵播种3粒，齐苗后间去病弱小苗留健苗2株，2叶1心时按规格套栽在玉米小行两侧株间，栽后浇足活棵水，活棵后追施稀粪水，放蔓后分别将蔓引向两侧的玉米秸秆上，植株开花结荚后追肥3~4次，每次每亩施有机肥1 500千克或25%氮磷钾复合肥25千克，结合防治病虫喷施磷酸二氢钾等，及时将茎蔓引向玉米秸秆并均匀分布，去除第1花序以下无效分枝以及基部老黄叶，注意防治锈病、红蜘蛛、蚜虫和豆荚螟等病虫害。

12. 豌豆—玉米/米豇豆—大白菜【实例25】

江苏省靖江等地应用该模式，豌豆选用甜豌豆，玉米选用鲜食玉米，一般每亩收获豌豆青荚750千克、玉米青果穗1 000千克、米豇豆180千克、大白菜2 500千克。

（1）茬口配置　畦宽300厘米，墒沟宽25厘米，豌豆于10月下旬穴播，行距60厘米，空距25厘米，每穴播种2~3粒，每亩用种量6~7千克，翌年4月下旬始收，5月中旬收清；玉米于4月下旬育苗，5月中旬移栽，行距50厘米，株距25~30厘米，每亩密度5 000株；米豇豆于6月上旬套播在玉米株旁，每隔2株播一穴，每穴播种2~3粒，9月上中旬清茬；大白菜于8月中旬育苗，9月中旬移栽，行距60厘米，株距40厘米，每亩密度3 000株。

（2）品种选用　①豌豆，选用优质高产甜豌豆品种，如“美国甜豌豆”、“日本青豌豆”等；②玉米，选用审定定名、适宜本地种植糯玉米品种，如苏玉糯系列品种；③米豇豆，选用优质的地方传统品种；④大白菜，选用丰抗系列品种。

(3) 培管要点 ①豌豆。每亩施腐熟有机肥1 000～1 500千克、复合肥30～40千克、过磷酸钙20～25千克作基肥，出苗前及时浇水促出苗，出苗后保持较干的土壤、防烂根，开花结荚期保持土壤湿润，多雨及时排水，苗期中耕除草2～3次，苗高30厘米时插架引蔓，开春后亩施用尿素5～10千克，开始结荚后再追肥1～2次，每次施用复合肥15～20千克，注意防治白粉病和潜叶蝇、蚜虫等害虫，结合防病治虫叶面喷施磷酸二氢钾及硼、钼等微肥2～3次。②玉米。移栽前每亩施复合肥7.5～10千克，浇施稀水粪，苗期每亩施用尿素7.5～10千克，每亩施碳铵10～15千克、复合肥10～15千克作拔节孕穗肥，注意防治玉米螟。③米豇豆。开花初期每亩施复合肥5～10千克，结荚期叶面喷施硼、钼等微肥，玉米果穗采收后将穗位上部折断，每两株玉米用秆上的叶片缠结成捆，将米豇豆植株顺理在秸秆上部，使之充分受光，注意防治豆荚螟病和蚜虫。④大白菜。栽前施足基肥，活棵后追施稀薄水粪2～3次，发棵后期至包心前重施结球肥，每亩施尿素10～15千克、腐熟粪肥750～1 000千克，注意防治霜霉病、软腐病和菜青虫、地下害虫。

13. 玉米—冬瓜+玉米—豌豆【实例26】

江苏省常州市郊等地应用该模式，第一茬玉米（春玉米）种植鲜食玉米，第二茬玉米（秋玉米）种植普通玉米，豌豆采收青荚，一般每亩收获春玉米青果穗1 200千克、冬瓜5 000千克、秋玉米500千克、豌豆青荚1 100千克。

(1) 茬口配置 玉米于4月上旬播种，地膜直播，1.2米宽的畦面种植2行，每亩种植4 500穴，6月底至7月初采收。7月中下旬先移栽冬瓜，大小行种植，大行行距3米、小行行距1米，株距40厘米，每亩移栽400穴。移栽冬瓜后在其大行距中间种2行秋玉米，11月上旬采收结束。秋播时做好宽1.2米的畦，豌豆于11月下旬在预留玉米行间种植2行，行距40厘米，每米行长播种35～40粒为宜，翌年4月底至5月初采收豌豆青荚。

（2）品种选用　①玉米，鲜食玉米选用早熟优质糯玉米品种（如“苏玉糯”系列等），普通玉米选用矮秆、高产品种；②冬瓜，选用黑皮冬瓜品种；③豌豆，选用“中豌5号”等品种。

（3）培管要点　①玉米（春玉米）。冬季深翻冻土。每亩施用高效复合肥40千克作基肥，拔节期、喇叭口期每亩施用尿素10千克，抽雄期每亩施用尿素10千克、高效复合肥10千克。②冬瓜。7月上旬（出梅后）盖遮荫棚及时育苗，出苗后防病治虫、喷施叶面肥，培育壮苗。玉米收获后及时清除秸秆和杂草。苗龄25天、瓜苗4片真叶时移栽。移栽前每亩施用腐熟有机肥2 000～3 000千克、高效复合肥40千克作基肥，定植后用稀薄人粪尿或碳铵水点浇，坐果后每亩用高效复合肥40千克穴施。注意防治病毒病和蚜虫、白粉虱、螨虫等病虫害。③玉米（秋玉米）。具体管理同春玉米。④豌豆。每亩施用高效复合肥30千克，三叶期每亩施用尿素10千克，现蕾初花期每亩施用尿素10千克，结荚期叶面喷施0.2%磷酸二氢钾溶液。注意防治地下害虫。

14. 菠菜—西葫芦/玉米/毛豆—大蒜【实例27】

江苏省兴化等地应用该模式，第一茬玉米（春玉米）种植鲜食玉米，第二茬玉米（秋玉米）种植普通玉米，豌豆采收青荚，一般每亩收获菠菜1 000千克、西葫芦2 000千克、玉米青果穗450千克、毛豆青荚600千克、大蒜青苗2 400千克。

(1) 茬口配置　菠菜于10月下旬播种，春节前上市。西葫芦于翌年2月下旬营养钵育苗，3月上旬移栽，6月上旬上市。糯玉米于3月中旬营养钵育苗，4月上旬套栽于西葫芦畦边，7月下旬收获清茬。毛豆于6月上旬在西葫芦让茬空幅中穴播4行，行距25厘米，株距12厘米。大蒜于8月上旬播种，11月下旬上市。

(2) 品种选用　①菠菜，选用尖叶形品种；②西葫芦，选用矮生型早熟高产品种，如“早青一代”等；③玉米，选用优质高产糯玉米品种；④毛豆，选用品质酥糯、耐肥抗倒品种，如“青酥2号”等；⑤大蒜，选用“二水早”等品种。

(3) 培管要点　①菠菜。前茬收获后耕翻晒垡2～3天，结合整地，每亩施用充分腐熟家杂灰肥3 000千克、45%三元复合肥20千克，翻耙均匀后种植菠菜，菠菜每亩用种量4.5～5千克，播后撒盖麦草并浇透水，保持土壤湿润。出苗后5～6天间苗，追施1次速效提苗肥。②西葫芦，菠菜采收结束，每亩施用45%三元复合肥25千克，在畦中间打塘(直径45厘米)，施用充分腐熟人畜粪肥30千克，栽种西葫芦。西葫芦2片真叶时移栽，移栽后及时搭小棚保温，4月中旬开花时用2，4-D液点雌花花柄，使用浓度随气温而不同，25℃时的适宜浓度为15毫克/千克，20℃以下时的适宜浓度为50毫克/千克。前期植株小，每株留瓜1～2个。盛果期每株留瓜2～3个，及时去除老叶、病叶。③玉米，移栽后及时浇水促活棵，4月中旬及时松土、除草，每亩施用尿素15千克、粪水2 000千克。6月中旬每亩施用尿素25千克、粪水1 000千克。注意防治玉米螟，做好抗旱和排涝。④毛豆，5月底在西葫芦让茬空幅中每亩施用腐熟家杂灰肥

1 000千克作基肥，整地耙匀后穴播毛豆。6 月上旬间苗、护苗，每穴留 3 ~4 株，每亩留苗 6 000 ~ 7 000株。开花初期每亩施用尿素 15 千克，结荚盛期叶面施肥 2 ~3 次。⑤大蒜。玉米收获后，于 8 月上旬施用充分腐熟家杂肥 1 000千克、45%三元复合肥 35 千克作基肥，翻熟耙匀耙细播种大蒜，播后覆盖麦秸草并浇透底水。齐苗后每亩施用腐熟人畜粪水 1 500千克。11 月中旬（采收前 7 ~10 天）每亩施用尿素 5 ~7 千克。大蒜起苗前 1 天浇 1 次透水，以利起苗。

15. 菠菜—玉米—萝卜【实例 28】

江苏省如皋等地应用该模式，玉米种植鲜食玉米，一般每亩收获菠菜 1 000千克、玉米青果穗 800 ~ 1 000千克、萝卜 2 000千克。

（1）茬口配置　畈宽 2.2 米，菠菜于 9 月底、10 月初直播，每亩播种量 5 千克，12 月至翌年 2 月中旬上市。玉米于 2 月下旬播种，可采用塑盘育苗，双膜覆盖加草帘保温（草帘早揭晚盖），2 叶期前定植大田，每畈 4 行，宽窄行种植，小行行距 20 厘米，株距 24 厘米，6 月中旬采收青果穗上市。萝卜于 6 月下旬至 7 月上旬播种，每亩播种量 0.4 ~0.5 千克，9 月中旬始收，9 月下旬清茬。

（2）品种选用　①菠菜，选用尖叶形品种；②玉米，选用“苏玉糯 1 号”、“苏玉糯 2 号”等品种；③萝卜，选用地方优良品种“百日籽”。

（3）培管要点　①菠菜。若在 10 月 1 日前播种的要将种子进行低温催芽处理，即将布袋吊在进中离水面 40 ~50 厘米高，经 5 ~6 天芽出齐后即可播种，注意催芽期间每天用清水漂洗一次。若在 10 月 1 日后播种的，即将菠菜种子置于布袋内，放在水中浸24小时，然后捞起摊开，待种子表面水分稍干后即可播种。播种采用撒播，播后用齿耙浅耙一遍，随后用脚踏一遍。菠菜在施足基肥的条件下，适当多追肥，当幼苗有2片子叶时追施一次腐熟稀薄人粪尿，以后随植株增大适当提高肥料浓度。②玉米。定植前施足基肥，整地做畈。大田后采用地膜加小拱棚覆盖，棚高50厘米。适时施好拔节肥和孕穗肥。③萝卜。每亩施用腐熟厩肥3 000千克、人畜粪3 000千克、复合肥50千克作基肥，做到土肥混合混匀，畈面平整。第1对真叶展开时进行第1次间苗，至6叶时选留健壮苗定苗(苗间距10厘米)，幼苗期要小水勤浇，根部生长盛期要充分均匀地供水，追肥时不能靠根太近，切忌浓度过大。注意防治萝卜蚜虫、菜青虫和白斑病、黑斑病、花叶病毒病等病虫害。

四、草莓接茬玉米集约种植模式

草莓是蔷薇科草莓属多年生草本植物。草莓的全生育期又大致分为开始生长期、开花结果期、营养生长期和植株休眠期4个生育时期。①开始生长期。春季地温稳定在2～5℃时，根系开始生长，随着地温的升高，逐渐发出新根，地上部分萌芽，抽出新茎，并逐渐发出新叶。②开花结果期。草莓地上部分生长约1个月后出现花茎，随着花茎的发育，花序梗伸长，露出整个花序。从花蕾显现到第1朵花开放，大约需要半个月的时间；由开花到浆果成熟，大约需要1个月的时间。开花期根系停止生长，地上部分叶片数和叶面积迅速增加，光合能力增强，叶片制造的养分几乎全部供给开花结果用。③营养生长期。草莓浆果采收后，植株便进入了旺盛的营养生长期。侧芽大量发生匍匐茎，新茎加速生长，在新茎的基部发生不定根，产生新的根系。匍匐茎的抽生，按一定顺序向上长叶，向下扎根，长出新的幼苗。④植株休眠期。当气温降到5℃以下及短日照条件时，草莓便进入休眠期。休眠期的植株外部形态变化不明显，主要表现为叶柄逐渐变短，叶色深绿，叶片平卧，呈匍匐生长，整株矮化。草莓生产实现一年一栽的大田种植方式，即草莓苗当年秋末定植，翌年初夏收获后即行耕翻，秋末重新定植新苗。江苏等地的草莓营养生长阶段在5月上旬至10月中旬，生殖生长阶段在10月中旬至翌年5月下旬。这样，草莓的营养生长阶段主要在采苗田度过，草莓苗在10月中旬定植后，营养生长基本结束。草莓接茬玉米模式中，草莓的经济效益高，生产上通常把草莓作为主效益茬，秋末定植时要按高产优质管理要求，设计好草莓株行距配置。草莓接茬种植的玉米，既可种植饲用的普通玉米，也可种植鲜食的糯（甜）玉米，也可因地制宜地在玉米行间（或棵间）间作（或套作）矮秆作物。

1. 草莓/玉米/芋头【实例29】

江苏省如皋等地应用该模式，玉米种植鲜食糯玉米采收青果穗，一般每亩收获草莓1 000千克、玉米青果穗750千克、籽芋1 500千克。

（1）*茬口配置*　2.2米为一组合，每个组合筑成2垄，垄面宽50厘米，底宽100厘米，垄高30厘米，垄沟底宽20厘米。草莓于10月中下旬移栽定植，每垄定植2行，行距为30厘米，株距30～35厘米，翌年1月中下旬覆盖地膜。3月中旬在地膜内的草莓间，打孔播种1行春玉米。芋头于4月上中旬分两行播种在垄沟边。草莓玉米收获后，追肥壅土，进行芋头生长期间的培管。

（2）品种选用　①草莓，选用“宝交早生”等品种；②玉米，选用“苏玉糯1号”、“苏玉糯2号”等品种；③芋艿，选用如皋地方优良品种“香荷芋”。

（3）培管要点　①草莓。培育壮苗，按组合配置要求移栽定植，每亩栽4 000株左右。栽前每亩施粪肥4 000千克、菜籽饼100千克、45%三元复合肥50千克作基肥，1月上中旬清园除草后每亩施用腐熟粪肥2 500千克，覆盖宽1米、厚0. 012毫米的地膜，并及时破膜掏苗。后期注意防治病虫害，4月中下旬草莓成熟后采收上市。②玉米。3月中旬在地膜间打孔直播，每亩栽4 500株。草莓收获后每亩施用腐熟粪肥2 500千克、碳酸氢铵50千克作拔节孕穗肥。注意防治玉米螟和玉米大斑病、小斑病、锈病等病虫害。③芋艿。适期播种，每亩栽4 000株左右。玉米收获后每亩施用腐熟粪肥2 000千克，同时进行小壅土，8月上旬每亩施用粪肥2 000千克、碳酸氢铵30千克，进行大壅土，9月上中旬可陆续上市。

2. 青花菜—草莓/刀豆—玉米【实例30】

江苏省如皋等地应用该模式，玉米种植鲜食糯玉米采收青果穗，通过多熟集约种植形成较高的产出。

（1）茬口配置　青花菜于7月中旬播种育苗，8月中旬耕翻起垄定植，垄底宽1. 1米，垄面宽60～70厘米，垄高25厘米，每垄移栽青花菜2行，株距40厘米，每亩3 000株左右，11月上旬清茬。草莓于11月中旬每垄定植2行，呈三角形定植，株距23厘米，每亩栽5 300株，4月初开始采收，5月底采收结束。刀豆于4月上旬在两行草莓之间直播，穴距2厘米，每穴2～3粒，6月上旬开始采收青刀豆，6月底采收结束。玉米于6月20日左右塑盘育苗，7月初宽窄行方式移栽定植，平行行距55厘米，株距25厘米，每亩4 800株，8月中旬采收青果穗。

（2）品种选用　①青花菜，选用“绿岭”品种；②草莓，选用“宝交早生”、“BF2”等品种；③刀豆，选用粗纤维含量低、耐热抗病品种，如“法地立”等；④玉米，选用“苏玉糯1号”、“苏玉糯2号”等品种。

（3）培管要点　①青花菜。7月中旬播种，每亩用种量25克，需苗床20平方米，播后立即覆一层地膜，搭小拱棚遮草帘保墒、遮阴，出苗80%时在傍晚揭去草帘、地膜，苗龄掌握25～30天。大田每亩施用腐熟的畜粪、杂灰等有机肥4 000千克、45%三元复合肥30千克、硼肥1千克作基肥，深翻并按规格要求做垄，栽后及时浇水。定植后7～10天，每亩用尿素2.5千克加粪水1 500千克穴施作提苗肥。植株10～12张叶期，每亩施用尿素15千克、45%三元复合肥10千克作发棵肥。植株现蕾乒乓球大时，每亩施用尿素5千克作膨大肥。注意防治霜霉病、根腐病、菜青虫、小菜蛾、蚜虫等病虫害。②草莓。青花菜清茬后，在垄中央开20厘米小沟，每亩施腐熟有机肥5 000千克、高浓度复合肥30千克，然后整平、定植。移栽时注意使根基弓背朝垄沟方向，深度以“深不埋心，浅不露根”为原则。2月初，人工除草，并摘除枯黄叶、病花叶，每亩开塘施用腐熟有机肥2 500千克、45%三元复合肥20千克、尿素20千克，覆盖地膜。盖膜后随即放苗，洞口尽量小，洞口四周用泥壅实。③刀豆。开花结实期每5天浇水一次，保持土壤湿润，浇水时每亩施用尿素7.5千克，需追肥3次。注意防治炭疽病，疫病、锈病、蚜虫等病虫害。④玉米。塑盘育苗，1叶1心期移栽。每亩施用腐熟粪1 500千克、专用复合肥30千克、碳铵30千克作基肥，开沟深施。移栽前将苗床浇水，根系带泥移栽，栽后持续浇水以提高成括率，重施拔节孕穗肥，注意防治玉米螟等害虫。

五、小（大）麦接茬玉米集约种植模式

长江中下游地区，小（大）麦适宜播种期在10月下旬至11月上旬，翌年5月中下旬至6月上旬收获。大麦根系发育比小麦弱，其生育前期发根迟，次生根少，生育后期根的分枝能力弱。因而其耐湿性较小麦差。大麦茎秆的强度和韧性不如小麦，生产上要培育粗壮的茎秆，增强其抗倒力。大麦成熟比小麦早，其收获适期为黄熟后期。小（大）麦接茬玉米，大田生育期上能够较好地衔接，通过玉米育苗移栽或地膜覆盖等，进行共生期的调节，以调整茬口布局。小（大）麦接茬玉米模式，秋播时要因地制宜地设计好麦幅和空幅，可在预留玉米行的空幅内种植冬春蔬菜或经济绿肥，冬季与小（大）麦间作的作物应在玉米播栽前收获并清茬。

1. 大麦/玉米/甘薯【实例31】

江苏省如东等地应用该模式，玉米种植鲜食玉米采收青果穗，一般每亩收获大麦400千克、玉米鲜果穗700千克、甘薯2 250千克。

（1）*茬口配置*　2.4米为一组合，大麦于11月上旬播种，麦幅宽1.8米，空幅宽60厘米。翌年3月中旬玉米双膜制钵育苗，3月下旬于空幅中间利用地膜加小拱棚移栽双行鲜食玉米，6月下旬玉米青果穗陆续采收上市。5月下旬大麦离田后起垄栽插甘薯，垄间距20厘米，垄宽70厘米，垄高30厘米，10月中下旬甘薯陆续采收上市。

（2）品种选用 ①大麦，选用“东江 1 号”等品种；②玉米，选用“苏科花糯”等品种；③甘薯，选用“苏薯 4 号”等品种。

（3）培管要点 ①大麦。每亩施碳铵 25 千克、45% 复混肥 40 千克、人畜粪等有机肥 1 000 ~ 1 500千克作基肥。机条播半精量播种，每亩播量 7.5 ~9 千克。干旱田块及时浇好越冬水，越冬期每亩撒施尿素 5 千克。冬前旺长的田块，要用机械镇压及深锄断根的方式进行控旺管理。大麦拔节前后每亩撒施尿素 7.5 ~10 千克，扬花灌浆期喷施叶面肥磷酸二氢钾 1 ~ 2 次。注意防治病虫草害。②玉米。移栽前每亩用腐熟人畜粪 750 ~ 1 250千克、高浓度复合肥 25 ~30 千克、碳铵 15 ~20 千克、锌肥 1 千克作基肥。5 ~6 片叶时追施苗肥，拔节孕穗肥掌握在植株 8 张展开叶、拔节后 5 ~7 天施用，每亩开塘施用腐熟人畜粪 1 250千克、碳铵 60 千克，施肥后覆土。注意防治地下害虫、玉米螟和蚜虫。③甘薯。前茬大麦收获后施足有机肥，同时每亩施用过磷酸钙 75 千克、氯化钾 10 千克，及时耕翻土壤，耕深 30 厘米。按规格起垄移栽，定植株距 30 厘米，每亩栽植 4 000株左右，插时选用壮苗，浇透水。薯苗斜插入土中 3 ~4 个节，露出土表 2 ~3 个节。栽后及时查苗补苗，缓苗后每亩施用尿素 5 千克，结合苗肥施用中耕锄草 1 次，10 天后再中耕 1 次。栽后 30 天左右每亩施用尿素 7.5 千克作壮株肥，8 月底每亩施用尿素 7.5 千克，以促进薯块膨大。一般 11 月上旬采收结束。

2. 大麦/（毛豆 + 扁豆）/玉米—大蒜【实例 32】

江苏省兴化等地应用该模式，玉米种植鲜食玉米采收青果穗，一般每亩收获大麦 250 千克、毛豆青荚 600 千克、扁豆

1 500千克、玉米鲜果穗1 100千克、大蒜青苗2 000千克。

（1）茬口配置　畦宽3米（含墒沟），畦面边侧播种大麦，每畦播种两幅，麦幅宽75厘米，大麦中间留1.3米的空幅。翌年2月底至3月上旬，畦面中间空幅处播4行早熟毛豆，行距25厘米、株距12厘米，同时靠边行直播扁豆，穴距35厘米，每亩播2 000穴，扁豆于7月下旬采收结束。5月下旬大麦收割后直播玉米，每畦种植4行，株距25厘米，每亩栽4 000～4 500株。8月上旬玉米采收青果穗后，及时清茬播种大蒜，大蒜行距13～14厘米，株距5厘米。

（2）品种选用　①大麦，选用高产早熟品种；②毛豆，选用早熟品种，如“早豆1号”、“青酥2号”等；③扁豆，选用早熟、高产、质优的红边绿荚类品种；④玉米，根据市场需要可选择适用的鲜食糯玉米或是鲜食甜玉米品种；⑤大蒜，选用“二水早”等品种。

（3）培管要点　①大麦。施足基肥，每亩基本苗12万～13万。其他管理措施同常规。②毛豆。每亩施用腐熟杂灰肥3 000千克、45%三元复合肥35千克作基肥，耕翻整地，覆盖地膜，打洞播种。3月中旬破膜间苗，每穴留苗2～3株。开花初期每亩施用尿素15千克，结荚盛期叶面喷肥2～3次。③扁豆。齐苗后间苗，每穴留苗2株。株高35～40厘米时搭2米高“人”字形架，及时引蔓上架，蔓长1.8米时去除顶心，以促进分枝。分枝长1.6米时摘除生长点，并及时摘除超过架高的分枝，始花时每亩施45%三元复合肥15千克，注意防治豆荚害虫，采收结束后及时拔架清茬。④玉米。5月底查苗补苗、除草，每亩施尿素20千克促壮苗。6月下旬至7月上旬，每亩施用尿素25千克加粪水1 000千克。根据所种植的鲜食玉米品种类型，适时采收青果穗。⑤大蒜。玉米收获结束后，每亩施用腐熟杂灰肥 1 500千克、45%三元复合肥 25 千克作基肥，翻熟耙匀耙细后播种。播后覆盖麦秸草，并浇透底水。齐苗后每亩施人畜粪肥 1 400千克，采收青蒜前 7 ~10 天每亩施用尿素 5 ~7 千克。

3. 小麦/马铃薯/（玉米+红小豆）/刀豆【实例33】

江苏省启东等地应用该模式，一般每亩收获小麦 300 千克、马铃薯 250 ~300 千克、玉米 350 千克、红小豆 50 ~60 千克、刀豆 850 千克。

（1）茬口配置　2. 66 米为一组合，秋播麦幅 1. 4 米，空幅 1. 26 米。马铃薯于翌年 2 月上中旬在预留的空幅中、距麦幅边 33 厘米处种植，每个组合 1 行。玉米于 4 月初在余下的 93 厘米空幅正中播种 1 行，单行双株种植，同时在玉米棵间点播红小豆，每隔 2 ~3 穴玉米点播 1 穴，每穴 3 ~4 粒。秋刀豆于 7 月底、8 月上旬在玉米行间播种 7 行，行距 33 厘米，穴距 20 厘米，每穴点播 3 粒。

（2）品种选用　①小麦，选用春性、高产品种；②马铃薯，选用“克新 1 号”等品种；③玉米，选用中熟、高产品种；④红小豆，选用大粒、高产的地方品种“大红袍”；⑤刀豆，选用“白籽架刀豆”等品种。

（3）培管要点　①小麦。适期精量播量，管理措施同常规。②马铃薯。2 月上中旬翻地作垄，每亩施腐熟灰杂肥 500 千克、复合肥 15 千克，开好播种沟后浇施腐熟粪肥 150 千克，播种后覆土盖地膜，齐苗后破膜出苗，并浇施薄粪水 150 千克促苗生长，开花前每亩迫施尿素 2. 5 千克、硫酸钾 1 千克。6 月上旬即可上市。③玉米。适期播种，管理措施同常规。④红小豆。与玉米同期播种。玉米果穗采收后，将果穗上茎秆折弯，按每3～4株玉米用叶片缠结成一组，将红豆蔓顺理其上。追施好发棵肥，盛花期可用尿素、磷酸二氢钾进行叶面喷施。注意防治红蜘蛛。⑤刀豆。每亩施用腐熟有机肥1 000千克、尿素40千克、过磷15～20千克。结荚期看苗进行根外追肥，以延长采摘时间。注意防治好蜗牛、锈病等病虫害。9月底即可开始采摘上市。

4. 小麦＋菠菜/玉米/菜豆【实例34】

江苏省东台等地应用该模式，一般每亩收获小麦400千克、菠菜500千克、马铃薯250～300千克、玉米350～400千克、菜豆2 000千克。

（1）茬口配置　畦（含墒沟）宽264厘米（8尺），小麦于11月上旬在畦中间撒播，麦幅165厘米，两边空幅各36厘米，用于种植菠菜。菠菜于11月下旬播种，春节前后上市。菠菜腾茬后，4月中旬播种玉米，玉米播种在离墒沟边23～26厘米处，每畦两边空幅各种1行，株距25厘米左右，7月下旬至8月上旬玉米腾茬。玉米收获前，离玉米秆基部25厘米处播种秋菜豆，菜豆在9月底至10月下旬收获。

（2）品种选用　①小麦，选用春性、高产品种；②菠菜，选用日本全能尖叶菠菜或本地尖叶菠菜品种；③玉米，选用早中熟、高产品种；④菜豆，选用早熟、耐老、绿荚、蔓性菜豆品种，如“喜诺架豆”、“正兴红花架豆”等。

（3）培管要点　①小麦。适期播种，管理措施同常规。②菠菜。选用。将菠菜种子浸种48小时后撒播，每亩播种量3～4千克，播后遇天气干旱应及时补水，保持土壤湿润。③玉米。适期播种，管理措施同常规。④菜豆。每亩施用人畜粪2 000～2 500千克作基肥开沟穴施。每亩用种2.5～3千克。

齐苗后及时定苗，每穴留苗2株。苗期进行浅中耕，遇旱及时浇水。抽蔓前用竹竿等搭人字架，并在架两头插1～2根撑杆加固，豆苗抽蔓后及时进行人工引蔓（左旋方向）。每亩施用45%三元复合肥25～30千克作花荚肥。结荚期遇到久旱应及时浇水，一般5～7天浇水1次。开花结荚后期通过“翻花”可延长采收期10～15天，增产20%～25%，即在采收后期摘除下部老黄叶，每亩施用腐熟稀粪水1 000～2 000千克、尿素20～30千克，促进抽生侧枝。秋菜豆一般在开花后10～15天进入采收期，当豆荚颜色由绿转为白绿、表面有光泽、种子籽粒尚未显露时采收，一般1～2天采收1次。

5. 小麦（或大麦）/玉米—花菜（或大白菜或白萝卜）

【实例35】

江苏省东台等地应用该模式，玉米种植鲜食玉米采收青果穗，一般每亩收获小麦（或大麦）300～350千克、玉米青果穗1 200～1 300千克、花菜2 000～2 250千克（或大白菜5 000千克或白萝卜5 000千克。

（1）茬口配置　畈宽3米，秋播时在畈面中间种植两行麦子，每行麦子的麦幅宽度75厘米。每畈有3行空幅，空幅宽50厘米（空幅内冬季可种植短季蔬菜），小麦于翌年6月5日前、大麦于翌年5月20日前收获。玉米于翌年4月上中旬在空幅内套播，每亩密度3 500～4 000株，6月底至7月上旬采收。花菜（或大白菜或白萝卜）在玉米收获后的空茬田种植，根据具体的蔬菜种类确定播栽期。

（2）品种选用　①小麦，选用春性、高产矮秆抗倒品种，若种植大麦可选用“苏农啤3号”等品种；②玉米，选用“苏玉糯1号”等糯玉米品种；③花菜，选用“成功

2号”等品种，若种植大白菜可选用“改良青杂”、“87-114”等品种，若种植白萝卜可选用“上海白”、“扬州白”等品种。

（3）培管要点　①小麦（大麦）。适期播种，管理措施同常规。若空幅内冬季种植青菜等短季蔬菜，在蔬菜离田后每亩施用腐熟有机肥1 500千克，并及时挖翻以熟化土壤。②玉米。适期播种，管理措施同常规。③花菜（或大白菜或白萝卜）。a. 花菜。6月下旬至7月上旬育苗（遮阳网覆盖），苗龄达到4叶时进行假植，假植密度为17厘米×17厘米，真叶达6~7叶时即移栽定植，定植行距75厘米，株距66厘米。定植前每亩施用腐熟的鸡粪1 500千克、45%硫酸钾复合肥20千克作基肥。大小苗分开栽，秧苗带土移栽，栽后浇好活棵水。现花蕾后每亩用尿素10~15千克、硫酸钾复合肥10~15千克开塘穴施。注意防治霜霉病、黑腐病和蚜虫、甜菜夜蛾、斜纹夜蛾、菜青虫等病虫害。为保证花菜洁白，取植株中部朝南北方向的叶片遮盖花球，并经常换叶。b. 大白菜。8月中旬制钵播种，育苗期间用遮阳网覆盖。移栽前15天，每亩施用腐熟有机肥2 000千克、45%硫酸钾复合肥50千克作基肥，整地做畦，畦宽3米。当苗龄25~30天、3叶1心时移栽大田，行距60厘米、株距60厘米，定植后浇好活棵水。莲座期结合浇水，每亩施用尿素10~15千克。结球期每亩施用尿素10~20千克。注意防治软腐病、霜霉病和菜青虫等病虫害。c. 白萝卜。玉米收获清茬后，每亩施用腐熟有机肥3 000~4 000千克、磷酸二铵10千克、45%硫酸钾复合肥30~40千克作基肥，耕翻20~25厘米，整平挖墒，畦宽2.5~3米，每亩用种量250~300克，先与10~15千克细土拌和后再均匀播种，播后盖土1~1.5厘米，有条件的可用遮阳网覆盖。第一叶展开时第一次间苗，5~7叶时定苗，一般品种每亩留苗3万~3.5万，大中型品种每亩留苗1万~1.5万。合理浇水，播前要充分浇足底水，苗期和莲座期少浇水，根部膨大盛期均匀供水。分期追肥，定苗后结合浇水每亩施尿素5~7千克，根部膨大盛期每亩追施5千克或磷酸二铵10千克、硫酸钾10千克。长势偏旺田块可用15%多效唑20克加水50千克喷施。注意防治菜青虫、甜菜叶蛾等害虫。

六、油菜接茬玉米集约种植与实例

油菜为十字花科作物，其根系发达，还能分泌有机酸溶解土壤中难溶的磷素，提高的有效性。油菜生长阶段大量落叶落花以及收获后的残根和秸秆还田，能显著提高土壤肥力，改善土壤结构，是一种用养结合的作物。油菜接茬玉米，大田生育期上能够较好地衔接，秋播季节种植油菜，油菜生长后期套作玉米，或在油菜收获后连作玉米，玉米行间（或棵间）还可间作或套作夏（或秋）熟作物，或在玉米收获后连作秋熟作物，实现多熟集约种植。

1. 油菜—花生+玉米【实例36】

江苏省通州、海门等地应用该模式，玉米种植鲜食玉米采收青果穗，一般每亩收获油菜200~250千克、花生荚果350千克、玉米青果穗350~400千克。

（1）*茬口配置* 油菜于9月20日左右播种，10月下旬移栽，翌年5月下旬收获。花生在油菜收获后筑垄覆地膜直播，垄距80~90厘米，垄高10~15厘米，垄面宽50~55厘米，每条垄面播种2行花生，行距30厘米，穴距15~17厘米，每亩0.9万~1万穴，花生于9月下旬采收。玉米于5月下旬到6月上旬分期播种，每4垄花生间作1行，株距16~18厘米，每亩种植密度660株，通常8月中旬前后采收青果穗。

（2）品种选用　①油菜，选用早中熟双低油菜高产品种；②花生，选用中熟高产抗病品种；③玉米，选用优质、矮秆、抗病、高产品种。

（3）培管要点　①油菜。管理措施同常规。②花生。油菜收获清茬后，每亩施用腐熟有机肥1 000千克、尿素15千克、过磷酸钙40千克作基肥，耕翻、整地，按规格做垄。垄面做好后喷除草剂并覆盖地膜，花生种仁用药剂拌种后播种，每穴播种2粒，苗期适时化控以防旺长，后期叶面喷肥防止早衰，注意防治叶斑病。③玉米。出苗后及时松土除草、间苗定苗。出苗后5天左右，一般每亩施用碳酸氢铵20千克、过磷酸钙10~15千克作苗肥。播种后30~40天，每亩施用碳酸氢铵15千克作穗肥。注意防治病虫害。

2. 油菜+薄荷/玉米【实例37】

薄荷系唇形科薄荷属，为多年生宿根性草本植物，其产品（薄荷脑和薄荷素油）具有特殊的芳香、辛辣感和凉感，广泛应用于食品和医药。江苏省大丰等地应用该模式，一般每亩收获油菜150~200千克、薄荷原油15千克、玉米500千克。

（1）茬口配置　油菜于9月下旬播种，11月上旬移栽，行距1米，株距10~15厘米，每亩5 000~7 000株，翌年5月中下旬收获。薄荷于11月上中旬播种，行距20~25厘米，每亩播种种根130千克左右，确保每亩基本苗5万~6万，翌年3月上中旬出苗，7月下旬收头刀薄荷，10月下旬收两刀薄荷。玉米于5月中旬育苗，6月上中旬大小行移栽，大行距

1.5 米，小行距 25～30 厘米，株距 14 厘米，每亩移栽 4 500 株左右，9 月上旬收获。

（2）品种选用　①油菜，选用早中熟双低油菜高产品种；②薄荷，选用“73-8”、“A-53”和“沪 39”等品种；③玉米，选用中熟高产品种。

（3）培管要点　①油菜。移栽时每亩施用尿素 15 千克、过磷酸钙 45 千克或磷酸二铵 15 千克、硼砂 0.4 千克作基肥，3 月上中旬每亩施用尿素 20 千克。田间沟系配套，搞好人工除草，注意油菜菌核病防治。②薄荷。每亩施用腐熟饼肥 30 千克、过磷酸钙 30 千克作基肥，顺播种行开沟施入。出苗后每亩施尿素 4～5 千克。油菜收割后每亩施尿素 8 千克促进分枝，6 月下旬每亩施用尿素 9 千克。二刀薄荷在头刀薄荷收割后，结合刨根每亩及时施用尿素 6 千克、磷酸二铵 6 千克作苗肥，8 月底、9 月初每亩施尿素 8 千克。加强病虫草害防治，薄荷出苗后应防治地老虎，头刀薄荷在 6 月中旬至 7 月上旬、二刀薄荷在 9 月中下旬要防治造桥虫，注意薄荷黑茎病的防治。头刀薄荷因株行分清，便于人工锄草和中耕松土，一般不需化除。头刀薄荷收割后选用除草剂化除，喷雾时采取定向喷雾，以防药液喷洒在玉米根际和叶片上。③玉米。每亩施用尿素 20 千克、磷酸二铵 20 千克作基肥，活棵后，每亩施用尿素 5～10 千克促平衡生长。见展叶差 4～5 叶时，每亩施用尿素 15～18 千克促大穗。田间人工除草。注意玉米螟的防治。

3. 油菜＋草莓（繁苗）/玉米【实例 38】

江苏省句容等地应用该模式，玉米种植鲜食玉米采收青果穗，一般每亩收获油菜 175～200 千克、繁殖 4 叶 1 心以上草莓苗 4 万株以上、玉米青果穗 400 千克。

（1）茬口配置　东西向作畦，畦宽1.8米，沟宽20厘米，10月中旬移栽油菜苗和草莓苗。油菜宽窄行种植，畦中间为大行，行距80厘米，两边各种1小行，行距40厘米，株距20厘米，每亩定植6 000株。草莓苗在每畦的油菜大行间定植1行，略作高垄，株距30厘米，每亩栽1 000株。翌年5月下旬油菜收获后在畦两侧距沟20厘米处播种玉米，株距30厘米。8月下旬玉米拔节后起草莓苗，9月下旬起苗结束。

（2）品种选用　①油菜，选用早中熟双低油菜高产品种；②草莓，选用高产优质抗病良种，如“丰香”等；③玉米，选用株高适中、优质高产的糯玉米品种。

（3）培管要点　①油菜。每亩用腐熟粪肥1 500千克、高浓度三元复合肥40千克、硼肥0.75千克作基肥，撒施，用机械开沟，免耕浅旋灭茬，越冬前每亩施尿素5千克或清水粪肥1 000千克，油菜返青后每亩追施尿素5~7.5千克作薹肥，注意蚜虫和油菜菌核病防治。②草莓。基肥和越冬前的追肥与油菜一并施用。寒流来临前，每亩用稻草75~150千克覆盖保暖。油菜收获后，草莓追肥以叶面喷肥为主。结合追施玉米穗肥，每亩施用高浓度三元复合肥10~15千克。做到沟系配套，及时排水降渍，7~8月要注意灌水抗旱，田间灌溉时以灌满平沟水为宜，傍晚灌、次日早晨排，浸水时间不宜过长。春季摘除草莓花茎，控制花芽分化，每亩用赤霉素1克对水20千克喷洒草莓心叶，单株用药液5毫升以上。9月上旬以后控制草莓后发苗，及时摘除无效苗。及时防治地下害虫、蚜虫和白粉病。与化学除草相结合，冬前和早春各进行1~2次人工中耕除草，中后期以人工除草为主。③玉米。按常规措施管理。

4. 油菜—玉米/玉米+豌豆【实例39】

江苏省海门等地应用该模式，玉米种植鲜食玉米采收青果穗，豌豆采收青豆荚，一般每亩收获油菜225千克、玉米青果穗1 350千克（两季玉米）、豌豆青荚400千克。

（1）茬口配置　油菜于9月20日左右播种，10月下旬移栽，行距60厘米，株距15厘米，每亩密度7 400株，翌年5月下旬收获。玉米在油菜收获后种植，以140厘米为1个组合，种植一埭单行双株玉米，每亩密度5 000株。第二季玉米于8月初在前茬玉米行间套种，单行双株，每亩密度5 000株。前茬玉米收获后，在第二季玉米的行间种植二行豌豆，行距40厘米。

（2）品种选用　①油菜，选用早熟双低油菜高产品种；②玉米，选用“苏玉糯1号”等品种；③豌豆，选用“中豌4号”、“中豌6号”等品种。

（3）培管要点　①油菜。管理措施同常规。②玉米。第一季玉米在油菜收获后及时抢墒播种，播前每亩施用腐熟羊棚灰1 000千克、玉米专用复合肥50千克，7叶展开时每亩施用6千克作拔节肥，11叶展开时每亩施用尿素15～20千克作穗肥。8月初播种第二季玉米，追肥叶龄指标要提早1叶，注意松土除草，及时防治玉米螟、玉米大斑病、小斑病和锈病。③豌豆。适时早播，9月10日左右播种，播前每亩施用复合肥25千克作基肥，初花期每亩用尿素15千克，盛花期喷施0.2%磷酸二氢钾溶液50千克，隔7天再喷施1次。苗期注意除草和蜗牛防治，中后期要防治好豌豆潜叶蝇。

七、西瓜玉米复种集约种植模式

西瓜喜温耐热、喜光，要求较长日照时数和较强光照强度。其茎蔓生，幼苗期茎直立生长，节间短缩，4～5节后节间伸长，开始匍匐生长，因而与玉米间作或套作时，可与玉米在生长空间上较好地衔接。在西瓜玉米复种模式中，通常西瓜为主效益茬口作物，生产上要根据西瓜的优质高产要求，统筹前后茬作物行距配比，合理安排西瓜育苗和栽植期，尽量减少西瓜与共生作物的共生期，以避免弱光对西瓜生长的不良影响。西瓜栽培上忌连作，西瓜连作产量明显下降，而且容易导致枯萎病的毁灭性危害，因此在茬口安排上要严格避免西瓜连作。

1. 大麦/西瓜/玉米【实例40】

江苏省启东等地应用该模式，一般每亩收获大麦250千克、西瓜2 500千克、玉米400千克。

（1）茬口配置　畦宽3米，秋播时麦幅宽1.8米，留空幅1.2米。大麦于11月上旬在1.8米麦幅内条播。西瓜于翌年4月初营养钵薄膜棚架育苗，5月上旬移栽在预留空幅中央，每畦移栽1行，地膜覆盖，株距40厘米，每亩定植550株左右。玉米于7月中旬在第一茬西瓜采收结束后种植，每畦种植3行，行距1米，穴距30厘米，每穴定苗2株，10月底成熟收获。

（2）品种选用　①大麦，选用“通引1号”等品种；②玉米，选用“苏玉19”等品种；③西瓜，选用“日本丽都”、“抗病京欣”等圆果形条纹西瓜品种。

（3）培管要点　①大麦。每亩施45%复合肥25千克、碳铵25千克作基肥，适期精量播种，做到田间沟系配套。越冬期每亩施腐熟有机肥500千克作基肥，4月上旬每亩施尿素10千克作拔节孕穗肥。注意防治病虫草害。大麦收割后将秸秆铺设在西瓜行间，有利于西瓜藤的攀爬。②西瓜。采用营养钵培育适龄壮苗，移栽前炼苗3天。在预留的空幅内，每亩施腐熟有机肥2 000千克、硫酸钾40千克、过磷酸钙20千克作基肥，基肥要求开沟深施，整地做成鲫鱼背后覆盖地膜。每亩追施尿素5千克作伸蔓肥，干旱时结合追肥进行浇水。西瓜幼瓜拳头大小时，每穴用尿素和硫酸钾混合肥50克（1∶1）在距西瓜苗根部35厘米处穴施，并浇水盖土。生长后期叶面喷施1%尿素和0.25%磷酸二氢钾混合液，间隔7～10天喷施1次，连喷2～3次。及时清沟理墒，注意病虫草害防治。③玉米。第一茬西瓜采收后及时播种，每穴播种3粒，1叶1心时留苗2株。3叶期每亩施碳铵10千克作苗肥。植株7～9张展开叶期每亩施碳铵20千克左右。植株11～12张展开叶期，全田有少量植株开始抽雄时为宜，每亩条施碳铵50千克。秋玉米生长后期，时常有强降雨、台风等天气，要及时清沟排水，植株倒伏情况下要及时轻轻扶正，加固培土，适当追肥，以促进生长恢复。注意防治蜗牛、玉米螟和玉米大斑病、小斑病等病虫害的防治。

2. 玉米/西瓜—豌豆【实例41】

江苏省启东等地应用该模式，玉米种植鲜食糯玉米采收青果穗，豌豆采收青豆荚，一般每亩收获玉米青果穗800千克、西瓜2 500千克、豌豆青荚500千克。

（1）茬口配置　2.67米为一组合。玉米于3月中旬播种，地膜覆盖，每个组合播种2行，单行双株，大行距2米，小行距67厘米，穴距25厘米，每亩密度4 000株。西瓜于4月20日左右在大行中移栽定植，每个组合移栽1行，株距30厘米，每亩密度800株左右。豌豆于9月初播种，行距33厘米，每米行长播种30～35粒，每亩播种量12～15千克，每亩密度4.8万～5万株。

（2）品种选用　①玉米，选用“苏玉糯2号”等品种；②西瓜，选用“京欣”等品种；③豌豆，选用“中豌6号”等品种。

（3）培管要点　①玉米。每亩施玉米专用复合肥50千克、碳铵30千克作基肥，适期早播，地膜覆盖，盖膜前做好化学除草。植株9～10张展开叶时每亩施用碳铵50千克，大喇叭口期用药灌心及时防治玉米螟，玉米青果穗收获后及时割去玉米秆。②西瓜。3月20日育苗，4月20日前后移栽。每亩开沟深施腐熟农家肥4 000千克、复合肥50千克、饼肥50千克作基肥，作畦喷除草剂后覆盖地膜，按规格定植西瓜苗，移栽时要浇足水。第一雌花开放时控制肥水。当瓜长至鸡蛋大小时，每亩施用尿素15千克作西瓜膨大肥，并叶面喷施0.2%磷酸二氢钾溶液，注意病虫害的防治。③豌豆。每亩施用复合肥35千克、碳铵20千克作基肥，花荚肥每亩施用尿素15千克，注意地下害虫、蜗牛、甜菜夜蛾、斜纹夜蛾、潜叶蝇等虫害的防治。

八、玉米花生复种集约种植模式

花生属喜温作物，对热量条件要求较高，在整个生长发育过程中均要求较高的温度。花生属短日照作物，但对光照时间的要求并不太严格，长日照有利于营养体生长，短日照能使盛花期提前，但总开花数量略有减少。花生苗期及开花下针期对光照的强弱反应很敏感，良好的日照条件，可使节间紧凑，分枝多，花芽分化良好，总花量增多。花生是豆科作物，根部根瘤能固定氮素，具有养地作用。花生与玉米间作或套作时，可与玉米在生长空间上较好地衔接，生产上应统筹周年的茬口配置，合理安排间作的行带比。

1.（玉米＋花生）—（玉米＋大白菜）【实例42】

江苏省海安等地应用该模式，秋玉米种植鲜食玉米采收青果穗，通过多熟集约种植形成较高的产出。

（1）茬口配置　每4行玉米之间留150厘米空幅间作3行花生。玉米盘育乳苗移栽，3月底、4月初定植，4行玉米采大小行种植，玉米大行行距67厘米、小行行距20厘米，株距18～20厘米，玉米7月下旬收获。花生于4月上旬播种在玉米行间150厘米空幅中，种植3行，行距35厘米，边行花生距玉米40厘米，穴距20厘米，每穴播种2～3粒，花生7月20日收获离田。玉米和花生收获后整地种植秋季玉米和大白菜。秋玉米盘苗乳苗移栽、地膜覆盖，行距240厘米，株距20～22厘米。大白菜种植在玉米行间，定植4行，行距40厘米，边行距玉米60厘米，株距35厘米。

（2）品种选用　①春玉米，选用抗逆性强、增产潜力大的中晚熟春玉米品种；②花生，选用“泰花2号”等品种；③秋玉米，选用优质、高产鲜食糯玉米品种。如“苏玉糯”系列；④大白菜，可选用生育期较短的“夏阳”或“87—114”、“改良青杂3号”等。

（3）培管要点　①春玉米。采用塑盘育苗，通过大拱棚覆盖+地膜平铺的双膜方式增温保湿，2 叶 1 心期移栽。大田在移栽前 15 天，施肥、整地，栽前化学除草后覆盖地膜，戳洞移栽，栽后补水实土促根，移栽后及时补水、补苗促早发，玉米展开叶 6~7 片时及时揭去地膜、重施拔节孕穗肥，大喇叭口期用药灌心及时玉米螟。②花生。在花生种植行，每亩施农家肥 2 500~3 000千克、过磷酸钙 35~50 千克作基肥，花生去壳，选粒大无病斑、无畸形的种子，用药剂拌种，随即播种覆盖地膜，待幼苗顶土、剪开幼苗上方薄膜，理苗出孔，出苗后要及时查苗情，及时补苗，水分不足时要适当灌水，注意防治病虫草害。③秋玉米。栽培同春玉米，露地移栽，重点防治叶锈病和玉米螟等病虫害。④大白菜。8 月 10 日左右播种育苗。大田每亩施用腐熟有机肥 5 千克作基肥、并深耕细耙，起垄栽培，每亩定植 5 000~5 500株，团棵时每亩施复合肥 50~55 千克作发棵肥，并及时浇水，结球前期结合浇水每亩施复合肥 55 千克，及时防治病虫害。

2. （玉米+花生）/荞麦/青菜【实例 43】

江苏省海安等地应用该模式，花生采收鲜荚，一般每亩收获玉米 200 千克、花生鲜荚 600 千克、荞麦 50 千克、青菜 1 500千克。

（1）茬口配置　畦宽 300 厘米。花生于 3 月中旬在畦中播种 6 行，大小行种植，大行行距 50 厘米，小行行距 20 厘米，株距 25 厘米，每穴播种 2~3 粒，地膜覆盖；玉米于 3 月底、4 月初播种，跨墒沟各播种 1 行（每畦 2 行），玉米与花生间距 45~50 厘米，株距 10~15 厘米；荞麦于 7 月上中旬花生收青荚后播种；青菜在玉米收获后播栽。

（2）品种选用　①玉米，选用抗逆性强、增产潜力大的中晚熟春玉米品种；②花生，选用早熟高产品种；③荞麦，选用“日本信州四倍体大荞麦”等品种；④青菜，选用“苏州青”等品种。

（3）培管要点　①玉米。播前一个月每亩施人畜粪肥2 000千克、25%三元复合肥55千克作基肥，播种后覆盖地膜，及时间苗、定苗，5月上中旬每亩施人畜粪肥500～750千克作拔节肥，玉米大喇叭口每亩施人畜粪肥250千克、碳铵40千克作穗肥，及时用药灌心防治玉米螟。②花生。每亩施复合肥15～20千克作基肥，播种后进行化学除草，覆盖地膜，初花期追施尿素5千克，花生果粒丰满时及时采摘上市。③荞麦。花生收获后深耕、整地，清沟理墒，沟系配套，播前施过磷酸钙20千克、硫酸钾10千克作基肥，每亩播种量2～3千克，根据田间长势长相，分别于苗期和花穗期施用尿素2～3千克，注意防治荞麦钩刺蛾、黏虫和草地螟等害虫。④青菜。玉米收获后，及时耕翻，每亩施人畜粪肥2 500千克作基肥，播种后镇压，注意防治蚜虫，生长做到勤浇水。青菜收获后可栽插冬菜。

3.（玉米＋花生）—甘薯/玉米【实例44】

江苏省如东等地应用该模式，玉米选用鲜食玉米收获青果穗，花生采收鲜荚，一般每亩收获玉米青果穗950～1 000千克（两季合计）、花生鲜荚400千克、甘薯2 000千克。

（1）茬口配置　畦宽300厘米。4月上旬在畦中播4行花生，大小行种植，大行行距55厘米，小行行距35厘米，穴距20厘米，每穴播种2粒，小行播后覆盖60厘米宽的地膜；4行花生之间留85厘米的空幅播种玉米（玉米视天气可提前到在3月中下旬），玉米行距35～40厘米，株距20～25厘米，地膜覆盖；6 月下旬玉米采收青果穗后，中间起垄沟，在两边垄背上栽插 1 行甘薯；7 月下旬花生收鲜荚后播种 3 行秋玉米。

（2）品种选用　①花生，选用“鲁花 14”等品种；②玉米，两季玉米均可选用“苏科花糯”或“苏玉糯”系列品种；③甘薯，选用“苏薯 4 号”等品种。

（3）培管要点　①花生。播前结合整地每亩基施过磷酸钙 35 千克、尿素 12 千克作基肥，播种深 3 厘米，播种后化学除草并覆膜，当子叶展开时，及时破膜放苗并用土压好苗茎基部周围，开花下针期遇旱及时浇水，荚果膨大期浇水 1 次，结荚期用 15% 多效唑 100 克喷施防徒长，花生结荚期至成熟期每亩用 0.5% 尿素加 0.2% 磷酸二氢钾溶液 50 千克根外追肥，注意防治花生叶斑病、棉铃虫等病虫害。②春玉米。每亩施人畜粪 750 ~ 1 250千克、45% 复合肥 25 ~30 千克、碳铵 15 ~20 千克、锌肥 1 千克作基肥，墒情较差时人工造墒后及时播种，播种后覆土盖平，化学除草，覆盖地膜，玉米展开叶 8 张、拔节后 3 ~4 天每亩用人畜粪 750 千克、碳铵 60 千克作穗肥，开塘穴施后覆土，注意防治地下害虫、玉米螟和蚜虫。③甘薯。6 月底在春玉米青果穗收获后，每亩施磷肥 75 千克、钾肥 10 千克作基肥，及时耕翻土壤 30 厘米，整地作垄，垄间距 20 厘米、垄宽 70 厘米、高 30 厘米，株距 30 厘米，每亩密度 4 000 株。薯苗斜插入土 3 ~4 节、露出土表 2 ~3 个节，及时查苗补苗，缓苗后每亩施尿素 5 千克作促苗肥，结合施肥中耕锄草 1 次，10 天再中耕 1 次。栽后 30 天每亩施尿素 7.5 千克作壮株肥，8 月底每亩施尿素 7.5 千克促薯块膨大，10 月中旬开始视市场情况适时采收，一般 11 月上旬采收结束。④秋玉米，7 月下旬花生收鲜荚后整地播种，每亩施 45% 复合肥 25 ~30 千克，株距20厘米，每亩密度4 000株左右，播后覆土喷除草剂化除。玉米展开叶7张时，每亩施用人畜粪1 250千克、碳铵60千克作拔节孕穗肥，开塘穴施，及时防治病虫害。

九、药材接茬玉米集约种植模式

1. 西红花/玉米+刀豆/甘薯【实例45】

西红花是鸢尾科番红花属植物，是一种名贵的中药材，其柱头作为药用，味甘性平，能活血化瘀，散郁开结，止痛。江苏省海门等地应用该模式，玉米种植鲜食玉米采收青果穗，一般每亩收获西红花鳞球茎1 000千克和西红花干花1～1.5千克、玉米青果穗750千克、甘薯2 500千克、刀豆600千克。

（1）*茬口配置*　140厘米为一组合，东西向设置。每个组合预留40厘米作为玉米播种预留行，在剩下100厘米中，在立冬至小雪之间按南北行向种植等行西红花，行距20厘米、株距10厘米。玉米于翌年3月下旬种植在预留的空幅内，单行双株，每亩5 000株左右。甘薯于立夏前后在西红花收获后套种在玉米行间，起垄种定植2行。刀豆于7月下旬或8月上旬种植在玉米棵间。

（2）*品种选用*　①西红花，选用的上海雷允上药业有限公司提供的良种，每亩用种量600千克；②玉米，选用“苏玉糯1号”或“苏玉糯2号”等品种；③甘薯，选用“苏薯8号”或海门“水梨”品种；④刀豆，选用“78204”或“白籽架刀豆”等。

（3）*培管要点*　①西红花。种植前每亩施鸡圈灰5 000千克、饼肥75～100千克、碳酸氢铵25千克、过磷酸钙25千克和氯化钾25千克作基肥，出苗后1个月施1次薄粪水，立夏前后收获鲜鳞茎并放在通风良好的室内晾架上，9月份发芽后及时摘除赘芽，10月下旬至11月上旬开花，及时采摘花丝，花丝采摘后要用黄沙施在锅中炒，温度控制在80~90℃，一般利用黄沙余热将花丝烘干。②玉米。7叶展开时每亩施尿素6千克作拔节肥，11叶展开时每亩施15~20千克作穗肥，注意防治地下害虫及玉米螟。③甘薯。3月中旬采用塑料小拱棚育苗，种薯长出幼苗后于4月中旬剪苗移栽到其他空地进行两段育苗，每亩定植3 500株左右，玉米收获后每亩施尿素10~15千克作长苗结薯肥，后期叶面施肥1~2次。④刀豆。玉米棵间穴播，每穴播种3粒，出苗后每亩施尿素5千克作壮苗肥，5~6叶期用多效唑化控促壮，见花后结合防病治虫喷施磷酸二氢钾，注意防治红蜘蛛、潜叶蝇等害虫。

2.（贝母+雪菜）/（玉米+毛豆）【实例46】

贝母为百合科多年生草本植物，地下鳞茎球形或扁形，具有清热化痰、散结解毒作用。江苏省海门等地应用该模式，玉米种植鲜食玉米采收青果穗，一般每亩收获贝母800千克、雪菜1 000~1 500千克、玉米青果穗700千克、毛豆300千克。

（1）*茬口配置*　140厘米为一组合，畦面宽115厘米，畦沟宽25厘米。10月上旬在115厘米畦面上播种4行贝母，行距20厘米，株距4厘米，两个边行距畦沟各27.5厘米，10月中旬在贝母行间种植3行雪菜，两行种在畦沟边上，一行种在畦而中心。翌年4月上旬在畦沟中套作1行玉米，每亩密度5 000株。5月上旬贝母倒苗后，在玉米行间的贝母空幅中种植二行毛豆，行距40厘米，穴距25厘米，每穴播种2~3粒。

（2）*品种选用*　①贝母，选用高产抗病的浙贝，每亩用种量400～500千克；②雪菜，选用本地优质农家品种；③玉米，选用“苏玉糯1号”、“苏玉糯2号”等苏玉糯系列品种；④毛豆，选用“85—1”或“辽鲜1号”等早熟品种。

（3）培管要点 ①贝母。浙贝母对土壤要求较严，要求地块肥沃，做到精细整地、沟系配套，基肥施要早，一般每亩施菜饼150千克或鸡（羊）棚灰1 000～1 500千克，另加25%三元复合肥75千克，结合表土浅耕翻时撒入耕作层。贝母下种前用鳞茎按大小分档、择无病虫害的作种，播种深度7厘米。翌年1月上旬每亩施粪水1 000千克作冬腊肥，3月上旬每亩施粪水1 000千克或尿素8千克作鳞茎膨大肥。贝母开花时摘除植株上部位的花蕾，注意防治灰霉病，立夏前后贝母地上部开始枯萎时地下鳞茎已充分成熟，作为商品贝母的可及早收获，作留种出售的应原田越夏保种，需要的时候挖出。②雪菜。按常规措施管理。③玉米。一般不用施基肥，7叶展开时每亩施尿素6千克作拔节肥，11叶展开时每亩施15～20千克作穗肥，注意防治地下害虫及玉米螟。④毛豆。播种时每亩施过磷酸钙30千克，7张复叶时适时用好多效唑控旺防倒，注意防治豆荚螟。

3.（贝母+洋葱）/（玉米+刀豆）【实例47】

江苏省海门等地应用该模式，玉米种植鲜食玉米采收青果穗，一般每亩收获贝母1 000千克、洋葱2 000千克、玉米青果穗750千克、刀豆600千克。

（1）茬口配置 150厘米为一组合，畦面宽125厘米，畦沟宽25厘米。10月上旬在125厘米畦面上播种5行贝母，行距26厘米，株距7厘米。11月中旬在贝母等行间移栽洋葱，行距26厘米，株距17厘米。翌年4月上旬在畦沟中套作1行玉米，单行双株，每亩密度5 000株。刀豆于7月下旬至8月初在玉米根边隔穴直播，每穴播种3粒。

（2）*品种选用* ①贝母，选用高产抗病的浙贝，每亩用种量400～500千克；②洋葱，选用“南京黄皮”或“北京黄皮葱头”等品种；③玉米，选用“苏玉糯1号”、“苏玉糯2号”等苏玉糯系列品种；④刀豆，选用“78204”或“白籽架刀豆”等品种。

（3）*培管要点* ①贝母。浙贝母对土壤要求较严，要求地块肥沃，做到精细整地、沟系配套，基肥施要早，一般每亩施菜饼150千克或鸡（羊）棚灰1 000～1 500千克，另加25%三元复合肥75千克，结合表土浅耕翻时撒入耕作层。贝母下种前用鳞茎按大小分档、择无病虫害的作种，播种深度7厘米。翌年1月上旬每亩施粪水1 000千克作冬腊肥，3月上旬每亩施粪水1 000千克或尿素8千克作鳞茎膨大肥。贝母开花时摘除植株上部位的花蕾，注意防治灰霉病，立夏前后贝母地上部开始枯萎时地下鳞茎已充分成熟，作为商品贝母的可及早收获，作留种出售的应原田越夏保种，需要的时候挖出。②洋葱。9月下旬育苗，移栽活棵后施一次薄粪水，5月中下旬每亩施尿素50千克作鳞茎膨大肥。③玉米。一般不用施基肥，7叶展开时每亩施尿素6千克作拔节肥，11叶展开时每亩施15～20千克作穗肥，注意防治地下害虫及玉米螟。④刀豆。通常追肥3次，掌握花前少施、花后多施、结荚盛期重施的肥料施用原则，总计每亩施用尿素40千克，结荚期施用叶面肥2～3次，注意防治红蜘蛛、潜叶蝇等害虫。

4. 贝母/玉米—大白菜【实例48】

江苏省通州等地应用该模式，具有粮菜经相结合的特点，通过多熟集约种植，能形成较高的产出。

（1）茬口配置　整地做畦，畦面宽120～150厘米，畦沟宽30厘米、深15～20厘米。10月上旬在畦上开沟播种贝母，贝母行距15～20厘米，株距5～10厘米。玉米于翌年4月上旬在每畦两边播种各播种1行，单行双株，穴距20厘米，每穴播3～4粒（定苗2株）。大白菜于8月初玉米收获后穴播，行距40厘米，株距30厘米，每亩4 000株。

（2）品种选用　①贝母，选用高产抗病的浙贝，每亩用种量300～400千克；②玉米，选用“苏玉19”等品种；③大白菜，选用“夏阳50”等品种。

（3）培管要点　①贝母。结合耕翻整地，每亩施腐熟有机肥2 000千克、饼肥100千克、复合肥75～90千克作基肥，齐苗后每亩施人畜粪850～1 000千克、尿素10千克作苗肥，12月中下旬每亩施人畜粪1 500千克、饼肥75～90千克作腊肥，贝母开花时摘除植株上部位的花蕾，摘花时每亩施尿素5～10千克作花肥，做好排水抗旱，及时拔除杂草，注意防治灰霉病。②玉米。不施基肥，7叶展开时每亩施尿素6千克作拔节肥，11叶展开时每亩施15～20千克作穗肥，花粒期看苗补施粒肥或喷施叶面肥，注意防治地下害虫及玉米螟。③大白菜。每亩施腐熟有机肥1 000千克，或用尿素、复合肥各25千克作基肥，高温、干旱天气加大浇水量以保持土壤湿润，大雨后及时排水以防田间积水，大白菜包心前10～15天结合浇水每亩穴施尿素10千克（应远离植株），收获前5～7天停止浇水，要求中耕除草2～3次，注意防治病毒病、霜霉病、软腐病和菜青虫、小菜蛾等病虫害。

第三章　棉田多熟集约种植模式

长江中下游棉区，是我国优质陆地棉优势产区。棉花属于锦葵科作物，根系发达，分枝性强，具有较强的自我调节能力。该区一般4月上旬播种育苗、11月底拔秆，棉花生长季节可达230天左右，可进行前茬套种、同季间作、后季套种等多类型的复种。

一、棉花栽培特性与间套复种

1. 棉花生长的环境要求

（1）*温度要求*　棉花喜温暖，怕寒冷，生长发育的适宜温度为20～30℃，各个生育时期都有一定的温度要求，在适宜温度范围内随温度升高生育进程加快。正常情况下，棉籽发芽的温度为12～40℃，最高温度为20～30℃。棉花出苗对温度的要求比发芽高，一般需要16℃以上才能进行，在16～30℃范围内随温度升高出苗加快，如果温度降到10℃以下就会发生低温冻害。棉花开始现蕾的最低温度要求达到19～20℃，最适宜的温度为25～30℃。棉花开花受精最适宜的温度为25～30℃。适时早播可以使棉花提早现蕾，但现蕾提早的天数与播种提早的天数不相等。早播的棉花苗期相对延长，而迟播的棉花苗期时间相对缩短。同一年份现蕾时期相差不大。

(2) *需水特点*　棉花喜地爽、怕潮湿。棉花具有耐旱的习性，由于其生长量大、枝繁叶茂，耗水量多，又是需水较多的作物。适于根系生长的田间含水量为田间最大持水量的55%～70%。在棉田土壤含水量适宜时，则主根下扎深，侧根分布广，根系生长良好。当土壤水分过多时，特别是在棉花苗期阶段，如遇阴雨、低温，易发生立枯病菌、炭疽病的蔓延危害，发生死苗。

(3) *光照要求*　棉花是喜光作物。光照充足时，棉株生长健壮，节间短，株型紧凑，铃多而大，纤维品质好。当棉株光照不足时，会造成荫蔽现象，影响棉花的正常发育，主要表现为苗期易形成高脚苗、茎枝节间细小，蕾期表现为蕾小、蕾瘦、脱落多，花铃期种子瘪、烂桃多。

(4) *土壤要求及需肥特点*　棉花的适应性和抗逆性都很强，在比较贫瘠的土壤上都能够生长，但要实现棉花高产，则要求土质疏松、土壤肥沃、土层深厚、酸碱度适中。高产棉花正常耕作土层深度要求在20厘米以上，以30～40厘米最为适宜，一般要求有机质含量在1.5%以上，全氮含量在0.1%以上。土壤酸碱度的适宜pH值为5.2～8，在此范围内棉花能良好生长，但以pH值为6～7最为适宜。棉花在生长过程中需吸收多种营养元素，其中：以氮、磷、钾三要素为最多。一般情况下，生产100千克皮棉需从土壤中吸收氮（N）14千克左右、磷（P_2O_5）5.5千克、钾（K_2O）13.5千克左右，氮、磷、钾的比例约为1：0.4：0.96。在不同产量水平下棉花对氮、磷、钾的吸收也存在一定差异。

2. 棉花主要种植方式及其特点

棉花种植方式主要有育苗移栽和地膜直播两种主要方式。

（1）棉花育苗移栽　通过床土培肥，用制钵器制成营养钵进行育苗，是棉花生产中主要的育苗方式。棉花营养钵育苗移栽，有利于实现棉花的优质高产，比露地直播棉一般可增产20%以上，霜前花增加10%以上。主要的技术优势有：①提早播种，能够充分利用温光资源，现蕾、开花、吐絮等均比露地直播棉提前，延长有效开花结铃期，实现多结伏前桃、伏桃，提高铃重；②移栽时棉苗主根受损，促进了侧根大量生长，大部分根系分布在耕作层内，有利于多吸收养分和水分；③确保了全苗、壮苗，棉苗素质高，移栽时可以大、小苗分开种植，协调了个体和群体间生长矛盾，促进均衡生长。

棉花苗床应选择在排水良好、土质肥沃、避风向阳、无枯萎病的地块，通过冬前耕翻冻垡、分阶段培肥等措施提高床土有机质和氮、磷、钾等营养元素的含量，营养土要求有机质含量达到1.5%以上、速效氮120毫克/千克以上、速效磷15毫克/千克以上、速效钾100毫克/千克以上。

制钵前将床底铲平拍实，撒入草木灰、稻壳或碎秸秆屑等。营养土必须是肥沃的熟化土壤与熟化粪肥的混合物，一般每1 000千克营养土需土杂肥300千克、复合肥2千克。钵土在制钵前一天轻照一下太阳，一般要求钵体直径8厘米、高10厘米以上。边制钵、边排钵，苗床四周用土培好，同时挖好排水沟，然后平铺薄膜保墒待播。选用脱绒包衣种子，播前晒种一天。

当平均气温稳定通过10℃以上时为播种适期，每钵播1～2粒。播前苗床浇足水，播后盖1.5厘米厚细土，钵间空隙要用细泥土填满，喷施除草后覆盖地膜，搭设高50～55厘米的小拱棚。齐苗前覆盖的薄膜一般以密封为主，以保持土壤湿度并提高棚内温度，床温控制30～35℃为宜（不能超过40℃）。

当有40% ~50%棉苗拱土时，反卷抽出底膜，注意动作要轻，以防压断幼苗或损伤子叶。出苗率达到80% ~90%时，棚内先通风1 ~2天。齐苗后选择晴暖天气，于上午9时至下午3时揭膜晒床，连续炼苗2 ~3天，苗要炼至苗茎红绿各半，同时结合晒床进行间苗、定苗。棉苗一叶期至二叶期，适温促发根，适宜温度25 ~30℃，可昼夜通风，通风口可开得大些、多些。棉苗二叶期至三叶期，温度控制在18℃左右。移栽前6 ~7天揭去拱膜，昼夜炼苗，达到表土发白，苗茎红绿各半。棉苗子叶展平至露心叶前，可选用适当的调节剂进行矮化促壮。苗床揭膜前一般不浇水，揭膜后如果苗茎呈紫红色，叶色发暗，钵口向下3厘米开始发硬，需适量浇水，浇水应在晴天上午床温升高前一次浇足、钵体湿透一半为适量。移栽苗龄35天以内，棉苗出现3片真叶前不必假植。若苗龄超35天，一般在移栽前天15 ~20天，选晴好天气搬钵假植，同时剔除病株空株，重新摆平钵体，四周壅实，适量浇水。注意棉苗喷药保护。

移栽期由温度和茬口决定。当5厘米地温稳定在17℃时为移栽适期。择晴天无大风时移栽。移栽时做到不散钵、不伤苗，大小苗分级栽，并剔除病虫害苗。钵面应低于地表2 ~3厘米，先埋土到钵体2/3，适度浇水后再埋土按实，栽后要及时浇安家水（团结水）。

地膜移栽棉能较好地利用地膜的保墒增温作用，提高成活率，实现壮苗早发。生产上可在移栽前7天左右，结合施足基肥，在移栽行覆盖地膜。移栽时在膜上打孔栽钵，浇一钵孔水，待水渗到钵孔1/2时栽钵即可。

（2）棉花地膜直播　棉花地膜直播与露地直播相比，具有显著的增产性。其增产原因：①提高土壤温度，增加地积温。从播种到出苗阶段，地温可以提高3～5℃，这样有利于一播全苗，出壮苗。同时加快了棉花生育进程，延长了有效结铃期。②保墒、稳定土壤水分。可以保证一播全苗和生育期水分需求。③改善土壤理化性质。能使棉田土壤疏松、不板结，利于棉花根系发育。④改善土壤养分状况。有利于土壤微生物活动，从而提高土壤中速效养分含量，盐碱地使用地膜还可以抑制土壤返盐。⑤促进棉花生育进程，改善产量结构。伏前桃、伏桃显著增多，霜前花比例增加。

生产上，地膜直播棉花存在着前期容易疯长、中期容易倒伏、后期容易早衰等明显缺点，特别是地膜棉的根系分布浅，发育提前，而棉花后期肥水需求量大，所以很容易引起早衰，这是地膜棉最主要的一个缺点。

地膜棉一般要比露地棉多施20%～30%的肥料，加之苗期和蕾期不方便施肥，基肥中要增加相当于苗期、蕾肥的追肥数量。播前要浇足底墒水，要求0～20厘米土层含水量要达到田间最大持水量的70%～75%。棉田整地要细，地膜要拉紧、铺平，紧贴地面。具体播种时间要根据气温和当地的终霜期来定。当连续3天气温稳定在10℃以上、5厘米土温稳定在14℃以上就可播种，地膜棉一般比露地棉早播7～10天。

地膜棉苗期管理上应把握好以下要点：当50%的棉苗出土后，子叶平展转绿时即可分批放苗，做到晴天早晚放、阴天全天突击放。放苗过迟，棉苗在膜下待的时间过长，很容易形成高脚苗和病苗，且遇中午高温棉苗易受日灼而死亡。土壤湿度较大，晚堵放苗孔进行通风晾晒，以防棉苗发病。棉苗基本出齐后应立即间苗，穴播的可留2株健壮苗，条播的间苗时要做到叶不挨叶。播种量小的可间苗、定苗一次完成。如果苗病较重或是盐碱地棉田，定苗时间应适当推迟，以出现3～4片真叶时定苗为宜。应抓住降雨的时机进行查苗补苗，地膜棉缺苗二三成的可采用大苗带土移栽法进行补苗，宜选择大小一致、有 1 ~2 片真叶的健壮棉苗用移苗器移栽。棉花出苗后，及时中耕培土，要求早中耕、勤中耕，并做到先浅后深，3 片真叶前中耕深度为 3 ~4 厘米，3 片真叶后为 6 ~9 厘米，4 片真叶后直到现蕾开花，中耕深度为 12 ~15 厘米。施足基肥时，一般苗期不追肥，未施足基肥的应在距棉株 10 厘米处，打洞深施苗肥，并在定苗前后结合治虫喷施一次叶面肥。

3. 棉花间套复种的主要类型

棉田种植制度呈现由一熟向多熟、由平面向立体、由增量向增效、由计划向市场的发展特征。棉花间套复种类型很多，呈现出多样化格局。按间套时间，有秋冬套、春夏套和四季周年套等类型；按间套作物，有豆类、葱蒜类、薯类、根菜类、茄果类、瓜类、叶菜类等蔬菜作物，大（小）麦、玉米等粮食作物等；按熟制，有一年两熟、三熟、四熟甚至五熟等类型。棉花间套复种的主要模式类型大体可分成以下几类。

（1）棉粮结合型　棉花与粮食作物间套种，这是传统的棉田多熟制形式，也是增加棉花主产品有效总量的保证。以秋播套种小（大）麦、蚕豆，春播间作玉米、大豆等类型为主。

（2）棉菜结合型　棉花与蔬菜间套种，秋季套种越冬蔬菜，春季间种蔬菜。

（3）棉瓜（果）结合型　棉花与草莓套种，或是与西（甜）瓜间种。

（4）棉粮菜瓜等复合型　春、夏、秋季间作粮、菜、瓜等作物，形成 1 年 3 ~4 种或 5 ~6 种作物的多元复合型种植。

二、棉粮结合型集约种植模式

1. 大麦/玉米/棉花【实例49】

江苏省如东等地应用该模式，玉米种植鲜食玉米，每亩收获大麦250千克、玉米青果穗450千克、棉花（皮棉）90千克。

（1）茬口配置　1.5米为一组合，组合呈南北向。秋播时麦幅60厘米、空幅90厘米。翌年3月中旬于空幅中间利用地膜加小拱棚移栽双行糯玉米，玉米小行距25厘米，每亩密度4 300株左右。棉花于3月底制钵育苗，待5月中下旬大麦收获后在两边各栽1行，株距40厘米，每亩密度2 000株。

（2）品种选用　①大麦，选用早熟、矮秆品种；②玉米，选用苏玉糯系列糯玉米品种；③棉花，选用“科棉三号”品种。

（3）培管要点　①大麦。适期早播，每亩播种5千克，每亩施氮（N）量10千克左右，基肥占比70%，拔节孕穗肥占比30%，做到氮磷钾配合施用。②玉米。2月中旬双膜制钵育苗，3月中下旬移栽后地膜覆盖并扣小拱棚。每亩施氮（N）量15千克左右，基肥占比40%，拔节孕穗肥占比60%，做到氮磷钾配合施用。③棉花。每亩施用碳铵40千克、过磷酸钙20千克、氯化钾20千克作基肥。7月上中旬结合中耕培土，每亩施尿素20～25千克。8月初如果棉花出现早衰及时补施盖顶肥，每亩施用尿素7.5～10千克。同时搞好整枝化控，及时治虫。

2. 蚕豆/玉米/棉花/绿豆【实例50】

江苏省如东等地应用该模式，蚕豆种植大粒鲜食型，玉米种植鲜食糯玉米，每亩收获青蚕豆荚600千克、玉米青果穗800千克、棉花（籽棉）280千克、绿豆65千克。

（1）茬口配置　2米为一组合，秋播时于组合两侧各播一行蚕豆，翌年5月20日左右收获。玉米于3月10日左右直播在蚕豆大行中间，每个空幅播种2行，穴距22厘米，地膜覆盖，6月中旬收获离田。5月20日前在距玉米根部70厘米处，各移栽一行棉花，棉花株距32厘米。玉米收获后，在距玉米根50厘米种植2行绿豆。

（2）品种选用　①蚕豆。选用“陵西一吋”品种。②玉米。选用“苏玉糯1号”等苏玉糯系列品种。③棉花。选用高品质棉科棉系列品种。④绿豆。选用中绿系列品种。

（3）培管要点　①蚕豆。施用磷钾肥作基肥，及时施好花荚肥，适时化控，注意防治蚕豆赤斑病和蚜虫，及时采摘并拔秆离田。②玉米。施足基肥，每亩施用腐熟羊圈灰500～750千克，或用饼肥75千克、复合肥25千克、碳铵25千克作基肥，每亩施用碳铵35千克作穗肥，及时防治病虫害，隔行去雄，适时采收。③棉花。适时播种、培育壮苗，全生育期每亩需纯氮（N）25千克、磷肥（P_2O_5）12千克、钾肥（K_2O）15千克，在氮肥运筹上，基肥、花铃肥、盖项肥分别占30%、55%和15%。适度调控，注重棉蚜、红蜘蛛、盲椿象等害虫防治。④绿豆。玉米收获后及时播种，穴距10厘米，每穴播种2～3粒，每亩施用25%复合肥30～40千克作基肥，开花期每亩施用尿素10～15千克作促花肥。

三、棉菜结合型集约种植模式

1. 棉花/荷仁豆【实例51】

荷仁豆又名荷兰豆、食荚豌豆，以鲜荚食用，翠绿鲜嫩，清脆可口，营养丰富。荷仁豆可炒食，凉拌，亦可速冻或制作成罐头，随着速冻加工企业的不断发展，荷仁豆的需求也越来越多。江苏省如皋、通州、海门等地应用该模式，每亩收获棉花（皮棉）80～100千克、荷仁豆鲜豆荚500～750千克。

（1）茬口配置　荷仁豆于10月中下旬套播在棉行间，套种方式有单行式和双行式两种。单行式种植，棉花宽行87厘米、窄行43厘米，秋播时在棉田窄行中套种1行荷仁豆；双行式种植，棉花宽行1米、窄行50厘米组合，秋播时在棉花大行中套种2行荷仁豆，荷仁豆行距66厘米，距棉根17厘米。

（2）品种选用　①棉花。选择生长势强、茎秆粗壮、高产优质的杂交抗虫棉品种。②荷仁豆。有蔓生、半蔓生和矮生3种，棉田套种以蔓生种为主，选用优质高产品种，如“美国白花豌豆”、“甜脆豌豆”等。

（3）培管要点　①棉花。按常规高产要求管理，防治棉田病虫草害时注意选用高效低毒农药，以确保荷仁豆产品安全。②荷仁豆。适时播种，播种和基肥施用方法有两种，一是播种在棉花大行的，先将棉花推株并拢，在大行中每亩撒施腐熟有机肥1 000～1 500千克、磷肥20～25千克作基肥，耕翻后整地开行或开穴播种，穴距15～20厘米（每穴播3～4粒），盖土后稍加镇压（盖土深4～5厘米），二是在棉花行间按株距直接打塘种植，腐熟有机肥、磷肥可直接施在塘内，但注意肥料尽量少与种子接触。荷仁豆除施用基肥外，主要抓好3次追肥。一是苗期追施稀粪水加少量氮肥作苗肥，二是开春后每亩施尿素5～8千克，作返青肥，三是开花结荚期每亩施复合肥15～20千克，同时叶面喷施磷酸二氢钾及硼、钼等微肥。春节前将小行棉秆梢部并拢用草或带扎在一起，增强棉秆支撑力，便于茎蔓攀援。注意防止干旱和雨季排水，及时防控白粉病、苗期蜗牛和中后期潜叶蝇等病虫害。荷仁豆5月上旬开始采收，每2～3天采收一次，采收标准是花谢后15天左右、豆粒尚未膨大的豆荚。

2. 大蒜—豇豆/棉花/番茄【实例52】

江苏省如东等地应用该模式，每亩收获青蒜4 000千克、豇豆1 900千克、棉花（籽棉）190千克、番茄4 500千克。

（1）茬口配置　畦宽2.66米，其中畦面宽2.43米、畦沟宽23厘米。大蒜于8月下旬在畦面上播种，株、行距均为7厘米，翌年3月初采收青蒜上市结束。豇豆于3月中旬在离排水沟中心87厘米畦面上点播4行，行距30厘米、株距23厘米，地膜覆盖并搭棚盖膜育苗。棉花于5月中旬移栽在豇豆两边预留行内，两边预留行内各栽种1行，棉花距豇豆根部60厘米，株距35厘米。番茄于6月中旬育苗，秧龄35天左右，待豇豆拉藤拆棚后，于7月中旬在棉花大行中间移栽两行，两行间的小行距33厘米，株距30厘米。

（2）品种选用　①大蒜。选用“二水早”品种。②豇豆。选用“之豇28—2”等品种。③棉花。选用高品质棉科棉系列品种。④番茄。选用粉红大果型品种，如“合作906”。

（3）培管要点　①大蒜。每亩施用复合肥40千克作基肥，播前浸种24小时，播后要及时覆盖遮阴保墒，3叶期和冬至前每亩分别追施碳铵50千克。②豇豆。播前5～7天，结合整地每亩施用腐熟鸡粪灰1 500千克、复合肥15千克作基肥。播前先浸种3～4小时再催芽播种。揭膜搭棚后，每亩用稀粪水加碳铵80千克面浇，撤膜前随时注意棚内温度，5月上旬现蕾后及时揭膜炼苗3～4天，并搭棚引藤，生长中后期注意防治蚜虫、盲椿象等害虫的防治，及时采收。③棉花。按常规高产要求管理，必须注意的是该方式的土壤肥力较高，因而应重视棉花的前期化学调控、科学治虫和田间清理等工作。④番茄。定植前一个月，每亩施用腐熟有机肥2 000～3 000千克、饼肥50千克、高浓度复合肥20～30千克、液体生物钾400毫升作基肥。高垄栽培，每亩密度4 000株左右。每株插一根小竹竿绑扎、搭架。当第一序果约鸡蛋大小、第二序果开始坐果时，结合浇水每亩追施尿素10千克、高浓度复合肥20～25千克，采用单秆整枝法，及时摘除侧枝，每株留3～4序果后，每株保留10个果。每次采收果实后，及时用0.2%磷酸二氢钾溶液叶面喷施。及时防治疫病、灰霉病等病害。

3. 大蒜＋豌豆—棉花【实例53】

江苏省盐都等地应用该模式，每亩收获豌豆青荚250千克、蒜薹250～300千克、蒜头300～350千克、棉花（皮棉）70～75千克。

（1）*茬口配置*　秋播时留畦宽4米。每畦种植大蒜3幅，种植豌豆4幅。大蒜每幅宽53厘米，豌豆的两个边幅宽40厘米、两个内幅宽80厘米，大蒜与豌豆隔幅播种。大蒜于9月下旬播种结束，每幅栽种4行，行距17～20厘米，株距10厘米。春播时，豌豆埋青，棉花宽窄行种植，其中宽行距93厘米、窄行距 40 厘米，株距 23 厘米。

（2）品种选用　①大蒜。选用“二水早”、“三月黄”等品种。②豌豆。选用“白花豌豆”等品种。③棉花。选用高产、病虫害抗性强的品种。

（3）培管要点　①大蒜。9 月中旬在棉花大行间离根际 17 厘米处翻土晒垡（深度 11 厘米），每亩施饼肥 100～125 千克、尿素 15 千克、磷肥 40 千克作基肥。浅沟行播，播种后撒肥覆土耙平，每亩施用腐熟人畜粪尿 1 500～2 000千克。抽薹前每亩施尿素 20 千克。采收蒜薹后，每亩用丰产灵 1 支（每支 7.5 毫升）对水 50 千克喷施 2 次，每次间隔 7～10 天。适时采收，蒜薹于顶部呈沟状弯曲时采收，蒜头在茎叶枯黄时采收。②豌豆。每亩用种 10 千克拌磷酸二铵 5 千克，在棉花窄行内点播，穴距 20 厘米，每穴播种 6～7 粒，早春采收豌豆苗后每亩追施尿素 5 千克，促进豆苗返青生长。③棉花。按常规高产要求管理。

4. 大蒜 + 榨菜—棉花【实例 54】

江苏省盐都等地应用该模式，每亩收获榨菜 500 千克、蒜薹 250～300 千克、蒜头 300～350 千克、棉花（皮棉）75 千克。

（1）茬口配置　畦宽 4 米，1.33 米为 1 个组合。每个组合秋播种植 4 行大蒜、1 行榨菜，春播时移栽两行棉花，棉花小行距 47 厘米、大行距 86 厘米，大蒜于 9 月 20 日种植在棉花大行间，小行距 20 厘米，株距 10 厘米。榨菜于 10 月上旬播种育苗，11 月上中旬移栽在棉花小行内。翌年 5 月中旬榨菜收获后移栽两行棉花。

（2）品种选用　①大蒜。选用“二水早”、“三月黄”等品种。②榨菜。选用优质高产品种。③棉花。选用高产、病虫害抗性强的品种。

（3）培管要点　①大蒜。9 月中旬在棉花大行间离根际 17 厘米处翻土晒垡（深度 11 厘米），每亩施饼肥 100～125 千克、尿素 15 千克、磷肥 40 千克作基肥。浅沟行播，播种后撒肥覆土耙平，每亩施用腐熟人畜粪尿 1 500～2 000千克。抽薹前每亩施尿素 20 千克。采收蒜薹后，每亩用丰产灵 1 支（每支 7.5 毫升）对水 50 千克喷施 2 次，每次间隔 7～10 天。适时采收，蒜薹于顶部呈沟状弯曲时采收，蒜头在部叶枯黄时采收。②榨菜。育苗移栽，播前耕翻整地，每亩施人畜粪尿 1 500千克、磷肥 25 千克作基肥，种子用石灰粉拌种消毒，每亩苗床用种 0.5～0.75 千克，可移栽大田 15 亩，苗床及时间苗、适度追肥。苗龄 35 天左右时移栽，起苗前苗床浇足水，带土移栽，株距 10～13 厘米，要栽紧壅实、浇水活棵。活棵后，结合松土壅根浇稀粪水，越冬前追 1 次蜡肥。开春后，于 3 月中旬重施一次速效氮肥，以促进肉质茎膨大，及时防治蚜虫。4 月上、中旬待菜心略有隆起、花基还未伸长、心叶 4～5 厘米高时采收。③棉花。按常规高产要求管理。

5. 洋葱/棉花【实例 55】

江苏省盐都等地应用该模式，每亩收获洋葱 1 000～1 500 千克、棉花（皮棉）75 千克。

（1）茬口配置　前茬棉花，畦宽 4 米，1.33 米为 1 个组合。秋播时在棉花大行中栽种 3 行洋葱，小行距 30 厘米，株距 20 厘米，洋葱距棉根 17 厘米。在棉花小行中种植 1 行蔬菜或绿肥，蔬菜（或绿肥）于翌年 5 月上旬之前收获清茬（或翻埋），5 月中旬移栽棉花，棉花大行 93 厘米，小行 40 厘米，株距 23 厘米。

（2）品种选用　①洋葱。选用优质高产品种。②棉花。选用高产、病虫害抗性强的品种。

（3）培管要点　①洋葱。9 月上旬在苗床上每亩施腐熟人畜粪尿或灰杂肥 2 500千克、饼肥 100 千克作基肥，9 月下旬播种，每亩苗床播种 2.5 ~3 千克，可移栽 10 ~15 亩大田。播种后覆盖一层湿稻草，8 ~10 天后揭去稻草，齐苗后每隔 8 ~10 天每亩追施碳酸氢铵 8 千克或尿素 4 千克，11 月中下旬定距移栽。大田追施以灰杂肥为主。施好蜡肥越冬，清明、谷雨节前后每亩施用腐熟人畜粪尿 2 000千克、硫酸铵 40 千克，6 月中旬前收获。②棉花。按常规高产要求管理。

6. 马铃薯 + 冬菜—棉花【实例 56】

江苏省盐都等地应用该模式，每亩收获马铃薯 1 000 千克、冬菜 2 000 ~ 3 000千克、棉花（皮棉）75 千克。

（1）茬口配置　畦宽 3 米，1.5 米宽为 1 组合。每个组合一半秋播蔬菜在马铃薯行，2 月中旬前陆续收获；一半春播蔬菜在棉花行，5 月底前可收获。春播时，2 月中旬在早收冬菜行播种马铃薯，5 月中下旬在迟收冬菜行移栽棉花，棉花小行距 40 厘米，株距 23 厘米。

（2）品种选用　①马铃薯。选用株型紧凑、结薯集中品种，如“克新 1 号”、“克新 4 号”等。②冬菜。选用秋播条件下，分别在翌年 2 月中旬前和 5 月底前收获的品种，如青菜、菠菜、萝卜、芹菜等。③棉花。选用高产、病虫害抗性强的品种。

（3）培管要点　①马铃薯。播前 15 ~20 天将切好的薯块洗去表层淀粉，捞出晾 10 ~12 小时，然后采取一层潮泥一层薯块的方法将薯块摆放在苗床，春季在室外用薄膜覆盖，待芽长出2厘米长时即可移栽。马铃薯生育期短，每亩施用腐熟的灰杂肥3 000千克、饼肥50千克、尿素18千克、磷肥23千克作基肥，覆盖地膜，幼苗出土后及时破膜放苗。及时培土壅根，并喷施30~40毫克/千克的缩节胺溶液以防旺长，收获后随即翻埋茎叶。②冬菜。根据蔬菜的具体品种，做到适期早播，合理密度，搞好肥水管理。③棉花。按常规高产要求管理。

7. 毛豆/棉花/荠菜【实例57】

江苏省射阳等地应用该模式，每亩收获毛豆550~600千克、棉花（皮棉）90千克、荠菜900~1 100千克。

（1）茬口配置　3月下旬耕地做畦，畦面宽3.6米（不含墒沟）。在畦面中央铺60厘米宽的地膜，中央地膜两侧各铺60厘米宽的地膜，地膜中心相距1米，密封膜边保墒增温。毛豆于4月初在地膜上打孔播种，每幅地膜播种2行，行距33厘米，株距25厘米，每穴播种3~4粒，6月下旬采收青豆荚。棉花于4月初育苗，5月上旬在空行露地移栽1行，行距1米，株距40厘米，10月下旬催熟，11月中下旬收获结束（棉秆不离田）。荠菜于10月中旬套播于棉花行中，春节前后采收上市，翌年2月底、3月上旬采收结束。

（2）品种选用　①毛豆。选用“台湾292”、“辽鲜1号”等品种。②棉花。选用高产、优质、大铃型品种，如“湘杂棉5号”、“中棉48”等。③荠菜。选用耐寒性强、叶片肥大、叶缘缺刻浅的板叶荠菜。

（3）培管要点　①毛豆。每亩施腐熟堆肥1 000~1 500千克、过磷酸钙50千克、氯化钾15千克、多元复合锌肥2.5

千克作基肥，旋耕整地，每亩播种量 3 ~4 千克。开花前追施 1 次稀粪水，生长后期可叶面喷施 1% ~2% 过磷酸钙浸出液。初花期进行摘心，叶面喷施多效唑 150 ~200 毫克/千克。注意防治锈病和豆荚螟等病虫害，及早采摘青荚。②棉花。营养钵育苗，培育壮苗。由于毛豆覆膜播种前已施足基肥，移栽棉花不需再施基肥。花铃肥分 2 次施入，第 1 次在初花期施用，每亩用尿素 15 千克、氯化钾 10 千克在距棉根 33 厘米处开穴深施，第 2 次在结铃盛期，每亩用尿素 10 ~15 千克在棉花空行中间开沟或开穴深施。盖顶肥用 1% 尿素或 0. 1% 磷酸二氢钾结合治虫化调一并进行。棉苗蕾期、初花期、盛花期和打顶后 4 ~5 天，每亩分别用缩节胺 0. 6 ~0. 9 克、0. 9 ~1 克、1. 5 ~2 克和 2 ~2. 5 克对水喷施。棉苗前期注意防治红蜘蛛、蚜虫，中后期注意防治盲椿象和鳞翅目害虫。③荠菜。每亩施尿素 5 千克、磷酸二铵 10 千克作基肥，适墒播种，每亩用种量 0. 75 ~1 千克，播种时掺和适量干细土，确保撒播均匀，播种后浅耧并压实。追肥以稀粪水为主，宜轻浇勤浇。当幼苗 4 ~6 叶时，每亩用优质腐熟粪肥 750 ~ 1 000千克对水浇施，第 1 次收获前 10 天再施 1 次，此次施肥可加施适量速效氮肥以促进植株生长。以后每收获 1 次追施 1 次稀粪水。当幼苗长至 9 ~12 片叶时即可采收，采大留小，采收时用尖角刀挑割，可陆续收获 2 ~4 次。

8. 青菜—马铃薯/棉花【实例 58】

江苏省启东等地应用该模式，每亩收获青菜 2 500千克、马铃薯 1 500千克、棉花（皮棉）100 千克。

（1）*茬口配置*　青菜于 9 月中旬育苗，10 月中旬移栽，1 米组合，行距 20 厘米，株距 17 米，每亩密度 1. 8 万株，12 月下旬至翌年1月上旬收获。马铃薯于2月中旬播种，1米组合，中间种植2行马铃薯，行距30厘米，株距20厘米，每亩密度6 000株左右，地膜覆盖。棉花于4月初育苗，5月上旬在马铃薯行间移栽1行，株距37厘米，每亩密度1 800株左右。

（2）品种选用　①青菜。选用“京华2号”等品种。②马铃薯。选用“克新4号”等品种。③棉花。选用“科棉6号”等品种。

（3）培管要点　①青菜。每亩施用腐熟农家肥1 000千克、复合肥50千克均匀撒施于地表，旋耕整地，做成1米宽的畦移栽。活棵后每亩施用20千克碳铵，大水泼浇。注意防治蚜虫和小菜蛾等虫害。②马铃薯。每亩施用腐熟人畜粪500千克、复合肥（不含氯）50千克加作基肥，播后用除草剂化除并覆盖地膜，薯块膨大期每亩施用尿素15千克。苗高15厘米时第1次培土，开花期进行第二次培土。③棉花。营养钵小拱棚育苗。每亩施用复合肥50千克作基肥，当家肥每亩施用高浓度复合肥35千克、氯化钾15千克，花铃肥每亩施用尿素20~25千克。及时喷施缩节胺进行化控。田间沟系要求高标准配套，注意防治盲蝽象、玉米螟和棉铃虫等害虫。

9. 香芋+棉花【实例59】

香芋系豆科土栾儿属多年生草本植物，以块根供食用，其营养丰富、味道独特，是集蔬菜、粮食、药膳于一体的稀有植物，能增强机体免疫力，具有清热解毒、滋补身体的作用。江苏省启东、海门、如东等地应用该模式，每亩收获棉花（籽棉）250千克、香芋250千克。

（1）茬口配置　1.4~1.5米为一组合。香芋于2月中下旬播种，播幅70厘米，播种2行，小行距30厘米，穴距10~

15 厘米，每穴播种芋 1 个，每亩密度 7 000株。棉花于 4 月初育苗，5 月 10 日左右移栽于香芋行间 70～80 厘米穴幅内，每组合内移栽 1 行，株距 30 厘米，每亩密度 1 500株。

（2）品种选用　①香芋。生产上习惯将香芋分成粗皮香芋和细皮香芋两种类型。粗皮品种的块茎个体较大，表皮粗糙，产量较高，但肉质较粗、品质较差；细皮品种的块茎个体较小，呈圆形或不规则椭圆形，外皮黄，表皮光滑，肉质洁白细腻，香味浓，但产量较低。视用途选用。②棉花。选用“科棉 3 号”、“科棉 6 号”等品种。

（3）培管要点　①香芋。播前结合整地，在种植香芋的播幅内每亩施腐熟人畜粪肥、灰杂肥、秸秆等有机肥 1 000千克、复合肥 30 千克作基肥，深翻 20 厘米，精细平整后作成宽 70 厘米的畦。按规格播种。播种盖土后喷除草剂进行化除杂草，然后覆盖地膜。香芋出苗后在上午 9 时前或下午 4 时后及时破膜。及时搭棚引蔓，以长 1.5 米左右的竹枝或芦苇搭成“人”字架，中间每隔 2 米有较粗的竹竿或木桩作柱子加固棚架，然后引蔓上架，使蔓分布均匀。出苗后追施稀薄粪水 2～3 次，浓度不宜过高。6 月下旬每亩施尿素 10 千克对水泼浇。并在行间用植物秸秆覆盖保墒。②棉花。营养钵育苗移栽，4 月上旬抢晴天播种，采取双膜覆盖保温育苗，5 月上中旬移栽，移栽前每亩施复合肥 50 千克作基肥，覆盖地膜，移栽后及时浇水。6 月底、7 月初每亩施用复合肥 30 千克、碳铵 20 千克、氯化钾 20 千克，开行深埋。棉花下部结有 2～3 个大桃、黄花开到半中腰时，每亩施尿素 15～20 千克。棉花蕾期至初花期、开花结铃期和打顶后 7 天左右，每亩分别用缩节胺（纯品）1～2 克、3 克和 3.5 克对水喷施，调控株型。注意防治盲椿象等棉花害虫。

10. 短蔓双胞山药+棉花【实例60】

短蔓双胞山药，主茎长60～70厘米，仅普通山药的1/3，可爬地生长而无需搭棚，块茎2根，双胞率达70%～80%，适宜间作套种。江苏省启东、如东、海门等地应用该模式，每亩收获棉花（籽棉）180～200千克、山药1 200千克。

（1）茬口配置　棉花行距2.7米，株距33厘米，每亩栽800株。棉花行间间作1行短蔓双胞山药，株距20厘米，每亩种植1 000株。

（2）品种选用　①短蔓双胞山药。选用江苏南通沿海地区的地方优良品种。②棉花。选用杂交抗虫棉品种。

（3）培管要点　①山药。选择地势高燥、排灌方便、肥沃疏松和土层深厚的沙质或夹沙黄壤土，于冬季或初春深耕，播种沟宽22～25厘米，深翻50厘米，忌打乱土层，即先将第一锹上层土（约20厘米）挖成大块放在行间，然后再将第二锹下层土（约30厘米）挖成小片（2～3厘米厚），仍施在沟内，让其冻松熟化，再将沟旁2/3上层土耙入沟内，整平成宽22～25厘米、深7厘米的播种沟。深翻整地时要拾净砖瓦石块。通常于惊蛰至春分用块茎段催芽，催芽前半个月，把块茎晾晒3～5天后，然后把块茎削成5～6厘米小块种段（每亩用种60千克），在切口处蘸上石灰粉，晾晒2～3天（不可曝晒），然后在通风良好、干燥的地面上放7～10天，待切口愈合后，再放在多菌灵泥浆中浸15分钟，取出晾晒1天即可入土建床催芽。多菌灵泥浆按每25%多菌灵500克加水40～50千克，再加细泥10千克的比例配制，搅拌均匀即成，种段入土后盖上3厘米厚细土，然后着地平铺薄膜，搭拱棚覆膜。采用双膜保温，待幼芽长到1厘米时（需25～30天）即可播种，播种时可选留 1 个壮芽，其余芽都要抹掉。催芽播种可促使种段提前出苗，延长山药的生长期，达到早熟高产。播种一般在 3 月中旬至 4 月上旬，以播种后出土苗能生长在无霜期为宜。播种时在播种沟内先施适量人畜粪，每亩用三元复合肥 50 千克，集中撒施在播种沟两边（离沟中心 10 ~ 12 厘米）作基肥，然后顺沟中心播下有芽种段，播后盖土 8 ~ 10 厘米，起垄拍实，并在垄背每亩施用鸡棚灰或羊棚灰 450 ~ 500 千克，初花期在行间根际每亩施用复合肥 30 千克，同时追施中等浓度人畜粪加适量尿素，立秋前叶面喷施 0.3% 磷酸二氢钾溶液 2 ~ 3 次（相隔 7 ~ 10 天喷 1 次）。根据长势，可在现蕾开花期喷施多效唑防控旺长。山药生长期需人工除净田间杂草，注意炭疽病和褐斑病的防治。10 月起可采挖上市，但留种山药必须待霜降后方可采挖。②棉花。适期播种，按规格移栽，管理措施同常规。

11. 冬菜 + 豌豆/辣根/棉花【实例 61】

辣根为十字花科多年生草本植物，根部为主要食用部分，具有强烈的辛辣味，脱水干燥后制成辣根粉，是一种佐餐调料，畅销于国际市场上畅销。江苏省盐都等地应用该模式，每亩收获冬菜 1 500 ~ 2 000 千克、豌豆青荚 250 千克、辣根 1 000千克、棉花（皮棉）50 千克。

（1）茬口配置　畦宽 2.4 米。秋播时，在规划的棉行上种 1 行豌豆（用作经济绿肥用），其余整幅播种 2 月底前收获的冬菜，冬菜收获后于 3 月中旬栽种 3 行辣根，行距 53 厘米，株距 27 厘米。5 月中旬豌豆翻埋后移栽双行棉花，行距 40 厘米，株距 20 厘米。

（2）品种选用　①冬菜。选用秋播条件下，翌年 2 月底前收获的品种，如青菜、菠菜、萝卜、芹菜等。②豌豆。选用“白花豌豆”品种。③辣根。选用一年生未受伤的优良种根。④棉花。选用高产、病虫害抗性强的品种。

（3）*培管要点* ①冬菜。根据蔬菜的具体品种，做到适期早播，合理密植，搞好肥水管理。②豌豆。点播，穴距 20 厘米，每穴播种 6～7 粒，早春采收豌豆苗后每亩追施尿素 5 千克，促进豆苗返青生长。③辣根。3 月中下旬开沟每亩施用灰杂肥 500 千克、饼肥 75 千克、磷肥 50 千克作基肥，整地按行起垄，小垄高 7～10 厘米。在上年辣根收获时，选择肉质嫩白，直径约 1 厘米的侧根，切取 17～20 厘米作种苗。3 月底或 4 月初，用直径 1 厘米木扦或铁扦打洞，株距 27 厘米，洞深 13 厘米，放入种根后盖好土。出苗后松土、除草。7 月下旬至 8 月初，每亩追施尿素 15 千克、碳酸氢铵 40 千克和适量钾肥作长根肥，生长期间及时除草，注意防治菜青虫等虫害，11 月中旬待第一次明霜后及时挖根收获。④棉花。按常规高产要求管理。

四、棉瓜（果）结合型集约种植模式

1. 香瓜/棉花【实例 62】

江苏省盐城市亭湖等地应用该模式，每亩收获香瓜 1 000 千克、棉花（籽棉）225 千克。也可将香瓜改种西瓜，每亩收获西瓜 3 500千克。

（1）*茬口配置* 畦宽 3.6 米（含畦沟宽 30 厘米），香瓜于 4 月底、5 月初定植，每畦中间定植两行，行距 1.2 米，株距 2 米左右，定植后，畦上搭宽 1.3 米、高 40～50 厘米的棚架并覆盖薄膜，无明霜时揭膜放藤，6月上市，7月上、中旬清除藤蔓。棉花于5月中旬移栽，距香瓜行两边各60厘米处定植，即每畦的两个瓜行中间定植1行，瓜行两边各定植1行，每畦3行，平均行距1.2米，株距30厘米。

（2）品种选用　①香瓜。可选用“新青玉”系列品种。②棉花。选用“科棉6号”、“盐抗杂1号”品种等。

（3）培管要点　①香瓜。选择地势较高、肥力较好且无病害发生的田块作苗床，冬前耕翻2次，并施用腐熟人畜粪肥、硫酸铵或碳酸铵、磷肥等配好营养土，用直径7～7.5厘米的大钵器制钵育苗，苗床双膜覆盖，培育适龄壮苗，香瓜苗龄30天左右（约3叶1心）按规格移栽定植。每亩大田施用腐熟的有机肥1 000千克、饼肥40千克、硫酸钾8～10千克（或含硫酸钾复合肥30千克）作基肥，其中有机肥于上年12月份结合耕翻在畦中开宽行撒施，无机肥在2月底、3月初结合整畦施用，做到沟系配套。当瓜苗活棵后每亩施45%硫酸钾型三元复合肥10～15千克。4～5片真叶时，主茎打顶，留4～5个子蔓。当子蔓长到7～8片真叶时打顶，并且每子蔓留2个孙蔓。第一批香瓜成瓜率达30%时，每亩施用45%硫酸钾型三元复合肥10～15千克作膨大肥。注意防治蔓枯病、叶枯病、白粉病。②棉花。香瓜清除藤蔓后要及时进行棉花管理，每亩用尿素30千克开塘穴施花铃肥，高垄壅根，固根抗风防倒，及时清除杂草，每株棉花选留2个向行间生长且长势平衡叶枝，以增加结铃，7月上中旬进行叶枝摘心，8月初进行棉花打顶，打顶后7天每亩施用缩节胺3～5克化学封顶，以抑制赘芽、提高成铃率。

2. 草莓—棉花【实例63】

江苏省如皋等地应用该模式，每亩收获草莓1 000千克、棉花（皮棉）75千克。

（1）茬口配置　畦宽1.1米，10月下旬耕翻耙碎土壤做成垄底宽75厘米、垄面宽45厘米，高20厘米的小高垄，垄沟宽35厘米。11月上旬每垄定植双行草莓，小行距35厘米，株距20厘米，5月下旬草莓采收结束后，在小高垄中间移栽1行棉花，株距23厘米。

（2）品种选用　①草莓，选用“宝交早生”等品种；②棉花，选用高产抗病品种。

（3）培管要点　①草莓。每亩施用腐熟农家肥4 000千克、饼肥100千克、复合肥80千克作基肥，栽后及时灌水促进成苗。1月上中旬覆盖地膜，随后即破膜放苗。2月下旬除草1次，根据天气情况及时排灌，注意防治灰霉病。②棉花。适期播种，按规格移栽，管理措施同常规。

五、棉粮菜瓜等复合型集约种植模式

1. 蚕豆+榨菜/棉花【实例64】

江苏省如东等地应用该模式，蚕豆种植大粒鲜食型，每亩收获青蚕豆荚1 000千克、榨菜2 500千克、棉花（籽棉）300千克。

（1）茬口配置　蚕豆于10月中旬播种（不迟于10月20日），115厘米等行种植，穴距26厘米，每穴3粒，翌年5月上旬开始采摘青蚕豆上市。榨菜9月下旬至10月初播种，11

月中旬定植于蚕豆空幅内，每幅内栽2行，行距50厘米，株距14厘米，翌年清明后采收后加工。棉花于4月5日前后播种，5月15日左右移栽于蚕豆空幅中央，每个空幅1行棉花，株距33厘米。

（2）品种选用　①蚕豆。选用“陵西一吋”品种。②榨菜。选用不裂叶品种。③棉花。选择优质抗虫棉品种，如“科棉6号”等。

（3）培管要点　①蚕豆。每亩用过磷酸钙40千克作基肥，同时每亩施入3%辛硫磷颗粒剂200克防治地下害虫，肥料和农药施于播种沟内，通常情况下一般不用追肥，但长势偏弱的田块可于3月下旬每亩施用尿素5千克。注意防治蚕豆赤斑病和蚜虫。②榨菜。选择地势高爽、土壤肥沃的沙壤土育苗，并适当稀播。榨菜施肥以有机肥为主，施足基肥，早施重施膨大肥。整地前每亩施用腐熟畜粪肥2 500千克、高浓度复合肥25千克作基肥，立春后每亩施用尿素15千克作膨大肥。清明至谷雨期间适时采收。③棉花。基肥以有机肥为主，配合施用高浓度复合肥25千克。花铃肥分两次施用，第一次在7月上旬每亩复合肥25克、碳铵25克，第二次在7月25日左右，每亩施尿素10千克。8月10日打顶，每亩施用尿素10千克作盖顶肥。做好选留叶枝、适时化调、抗旱排涝等工作，注意防治盲椿象、蚜虫、棉铃虫（三四代）、红蜘蛛、斜纹夜蛾、烟粉虱等害虫。

2. 百合＋小麦/棉花【实例65】

百合是百合科百合属多年生草本球根植物，其性微寒平，具有清火、润肺、安神的功效，是一种药食兼用植物。江苏省盐都等地应用该模式，每亩收获百合400千克、小麦125～

250 千克、棉花（皮棉）75 千克。

（1）茬口配置　秋播时，在前茬棉花大行内隔行种植百合和小麦。百合于 9 月中旬播种，每幅播种 4 小行，行距 20 厘米，株距 20～23 厘米。小行内可种植豌豆等经济绿肥，春播翻埋绿肥后移栽棉花。

（2）品种选用　①百合。选用“宜兴百合”品种。②小麦。选用株型紧凑、矮秆、抗病品种。③棉花。选用高产、病虫害抗性强的品种。

（3）培管要点　①百合。每亩施腐熟人畜粪尿和灰杂肥 3 000～4 000千克、饼肥 50 千克、过磷酸钙 30～40 千克作基肥，翻耕整细。按播种规格开沟点播，沟深 7 厘米左右，播种时茎底朝下。冬前每亩施灰杂肥 1 000千克做腊肥，清明前后每亩施腐熟人畜粪尿 1 000～1 500千克、复合肥 30～40 千克。及时中耕除草、适时打顶和防病治虫害。②小麦。适期早播，施足基肥，理通三墒，适时追施苗肥、蜡肥和拔节孕穗肥，及时采取措施防控倒伏，加强中后期的病虫害防治。③棉花。按常规高产要求管理。

3. 小麦/辣根/玉米/棉花【实例 66】

江苏省盐城等地应用该模式，每亩收获小麦 160 千克、玉米 120～150 千克、辣根 350 千克、棉花（皮棉）90 千克。

（1）茬口配置　畦宽 3.5 米，小麦机械条播，每畦播种两幅，麦幅宽 50 厘米，麦幅间距 88 厘米。翌年 3 月上中旬在两幅麦之间定植两行辣根，行距 54 厘米，每亩定植 1 400～1 500株，辣根距麦幅 17 厘米。4 月上中旬在两行辣根之间移栽 1 行玉米，每亩移栽 1 000～1 100株。5 月中旬在两幅麦外侧各移栽两行棉花，棉花行距 40 厘米，株距 28～32 厘米。

（2）品种选用　①小麦。选用株型紧凑、矮秆、抗病品种。②辣根。选用一年生未受伤的优良种根。③玉米。选用矮秆杂交种。④棉花。选用高产、病虫害抗性强的品种。

（3）培管要点　①小麦。适期早播，施足基肥，理通三墒，适时追施苗肥、蜡肥和拔节孕穗肥，及时采取措施防控倒伏，加强中后期的病虫害防治。②辣根。种麦后，将两麦幅间的空幅进行冬翻冬冻，翌年2月下旬3月初，开沟每亩施饼肥13~15千克、复合肥12~15千克作基肥，然后覆土按行起出两条小高垄，垄高10~15厘米，垄距53厘米。用木扦或铁扦按株距23~25厘米打洞并放入种根，然后覆浅土轻压实。出苗后及时松土。7月底、8月初每亩追施尿素7.5~8千克。生长期间及时除草，注意防治菜青虫等虫害，11月中旬待第一次明霜后及时挖根收获。③玉米。早春用营养钵育苗，适期移栽，定植株距17厘米。在玉米生长期间，注意防治蚜虫、玉米螟及红蜘蛛，玉米苗期和孕穗期各追肥一次。④棉花。适期双膜育苗，移栽前施足基肥，化学除草，抢墒覆膜移栽，按常规高产要求管理。

4. 雪菜—西瓜/棉花【实例67】

江苏省如东等地应用该模式，每亩收获雪菜5 000千克以上、西瓜4 000千克以上、棉花（籽棉）270千克以上。

（1）茬口配置　畦面宽3米，每畦定植雪菜3行，行距70厘米，株距25~30厘米。雪菜于9月25日左右播种育苗，10月下旬移栽，4月5日前后收获。西瓜和棉花均育苗移栽，4月5日左右育苗，每畦距畦一边80厘米处栽1行西瓜，西瓜株距50厘米，每亩450株。在西瓜一侧小空幅内栽一行棉花，另一侧大空幅栽两行棉，棉花株距35厘米，每亩约1 700

株。形成1行西瓜、3行棉花的组合配置。

（2）品种选用　①雪菜，选用高产优质地方农家品种；②西瓜，选择产量高、品质好的品种，如“京欣”等；③棉花，选用高产、抗病虫性强的品种。

（3）培管要点　①雪菜，苗床及早培肥，一般每亩苗床施碳铵40～50千克、过磷酸钙25千克作基肥全层耕耙，播种盖籽后每亩施薄粪水750～1 000千克促全苗。每亩大田用复合肥30～40千克或腐熟鸡粪50千克作基肥，撒施后全面耕耙，移栽后浇水二次，活棵后松土一次，越冬前结合松土除草每亩施用尿素20千克。②西瓜，瓜苗4叶1心期、地温稳定通过14℃时即可移栽定植，移栽前10～15天在移栽行两边开沟，每亩施用碳铵40千克、硫酸钾20～25千克作基肥，盖土、整细做成瓜垄后覆盖地膜。西瓜移栽后理蔓两次，西瓜定果后每亩施碳铵100千克、硫酸钾10千克，并在距结果6～8节用土压住主蔓，及时防病。7月中下旬采收后及时清蔓离田，以利棉花生长。③棉花，主要管理措施同常规。由于西瓜与棉花有一段共生期，生产上要注意稳住下部蕾铃，在肥料运筹和化学调控上做到精细管理。西瓜行两边肥料较多，前期不要施肥，花铃肥要在棉株基部结住2～3个大桃时一次重施，否则易造成带花旺长。蕾花期可根据苗情使用植物生长延缓剂（如助壮素等）进行化学调控。8月10日前后必须普施盖顶肥。

5. 西瓜/棉花/大蒜【实例68】

江苏省射阳等地应用该模式，每亩收获西瓜3 000千克、棉花（皮棉）100千克、青蒜1 000千克。

（1）茬口配置　畦宽3.6米。西瓜于3月上旬营养钵三膜覆盖大棚育苗，4 月上旬栽植在畦面中间，每畦 1 行，株距 33 厘米，每亩种植 560 株，双膜覆盖移栽，6 月底、7 月初采收上市，7 月中旬瓜蔓清除离田。棉花于 4 月初营养钵育苗，5 月上旬在瓜行两侧各移栽 2 行，行距 90 厘米，株距 50 厘米，11 月上中旬棉花收获结束，但棉秆不离田（以便青蒜御寒越冬）。大蒜于 10 月上中旬套播于棉花大行间，行距 16 厘米，株距 7 厘米，每畦平均栽植 20 行，春节前后采青蒜上市，2 月底采收结束。

（2）品种选用　①西瓜。耐低温、坐果能力强的优质品种，如“抗病苏蜜”、“京欣 1 号”、“早春红玉”等。②棉花。选用高产、优质大铃型品种，如“中棉所 48”、“科棉 6 号”等。③大蒜。选用早熟、优质、高产品种，如“二水早”、“三月黄”等。

（3）培管要点　①西瓜。移栽前 15 天每亩施用腐熟有机肥 750 ~ 1 000千克、腐熟饼肥 50 ~75 千克、西瓜专用肥 40 ~ 50 千克，均匀布施于预留的瓜行中，施肥后随即将畦面整平搂细，覆盖 1. 2 米宽的超微地膜，支好跨度 1. 3 米的竹片支架并覆膜，以提高地温并促进肥料分解。4 月上旬待瓜苗 3 片真叶时，择冷尾暖头、天晴地爽时移栽，边栽边覆盖好棚膜。搞好棚内温湿度调控，保持白天 25 ~28℃，夜间 16 ~18℃，促进西瓜茎蔓健壮生长。5 月初通风调温，5 月 15 日后可揭除外棚膜。双蔓或三蔓整枝，在西瓜行间铺一层秸秆，便于引蔓、压蔓（注意瓜蔓勿缠绕棉株）。坐果期因苗追施 1 ~2 次壮果肥，促进幼果膨大。遇旱浇水保湿，遇雨排水并喷药防病。②棉花。4 月底、5 月初，当棉苗 3 叶 1 心时带水地膜移栽。由于西瓜基肥较多棉花可不施基肥，肥料管理的重点是因苗施好花铃肥和盖顶肥。第一次花铃肥在初花期（7 月 5 日左右），每亩用尿素15千克、氯化钾10千克距棉根33厘米开塘深施，第二次花铃肥在结铃盛期（7月25日左右），每亩施用尿素15千克。盖顶肥以1%尿素或0.1%磷酸二氢钾结合治虫化调一并使用，缺肥田块每亩施用尿素5千克，须在8月上旬施用结束。在棉花的蕾期8~9片真叶、初花期、盛花期、打顶后4~5天，每亩分别用缩节胺（纯品）0.8~1克、1~1.2克、1.5~2克、2~2.5克对水喷雾。10月中旬每亩喷施40%乙烯利150~200克，促进棉铃提早成熟。注意选用生物农药防治棉花虫害。③大蒜。播前选择色白、肥大、无损的蒜瓣作种，每亩施腐熟有机肥1 000千克、45%复合肥30千克作基地，三叶期每亩施用尿素15千克促进蒜苗生长。

6. 西瓜/棉花—莴苣【实例69】

江苏省射阳等地应用该模式，每亩收获西瓜3 200千克、棉花（皮棉）90千克、莴苣3 300千克。

（1）茬口配置　畦宽2.4米。西瓜于3月中旬营养钵三膜覆盖育苗或大棚育苗，4月上旬栽植，每个畦面中间栽植1行，株距50厘米左右，6月底、7月初开始采瓜上市，7月中旬西瓜采收结束并清理瓜藤离田。棉花4月初营养钵育苗，5月上旬在瓜行两侧各栽植1行，每个畦面栽植2行，行距1.2米，株距30厘米，10月底、11月初立即拔除棉秆离田。莴笋于9月下旬高畦育苗，11月上旬待棉株拔秆后整地做畦、移栽，畦宽3.6米，在畦面中间栽植8行莴苣，行距33厘米，株距25厘米，封冻前架棚盖膜，翌年3月下旬收获。

（2）品种选用　①西瓜。选用早熟、高产、优质品种，如“抗病苏蜜”、“京欣1号”等品种。②棉花。选用高产优质大铃型抗虫棉品种，如“中棉所2号”等。③莴苣。选用高产、优质、耐寒性强的品种，如“南京尖叶紫皮香”、“成都二白皮”等。

（3）培管要点　①西瓜。培育健壮瓜苗。移栽前1周每亩施用腐熟饼肥50千克、过磷酸钙30～50千克、硫酸钾15千克作基肥，施肥后将畦面整平、搂细，覆盖1.3米宽的超微地膜，支好跨度1.3米的竹片支架，4月中旬待幼苗有3片真叶时，择冷尾暖头、天晴地爽时适时移栽，边栽边覆盖好棚膜以保温促长。及时调控棚内温湿度，双蔓或三蔓整枝，5月中旬可揭除外棚膜和支架，在行间铺层秸草，以进行引蔓压蔓（注意不能使瓜蔓缠绕棉株）。坐果期因苗追施1～2次壮果肥，遇旱浇水保湿，多雨季节疏沟排水并喷药防病。②棉花。营养钵育苗，培育好早、大、壮苗，棉苗2叶1心至3叶1心期带水移栽。本种植模式由于基肥较多可不施棉花蕾肥，需因苗施好花铃肥和盖顶肥。初花期每亩用尿素15千克、氯化钾10千克，在距离棉根33厘米处开塘深施。结铃盛期每亩施用尿素10～15千克。增施盖顶肥，通常用1%尿素或0.1%磷酸二氢钾结合治虫化调一并喷施，盖顶肥需在8月上旬使用结束。在棉苗蕾期8～9片真叶、初花期、盛花期和打顶后4～5天，每亩棉花分别用缩节胺纯品0.4～0.8克、0.8～1克、1.5～2克、2～2.5克，对水25～45千克喷雾。10月中下旬每亩喷施40%乙烯利100～150毫升促棉铃早吐絮。由于棉花早发，西瓜和棉花共生期较长，棉田红蜘蛛和棉盲蝽发生较重，要及时查治，注意用药及时防治三四代棉铃虫。③莴苣。培育壮苗，播种前先用冷水浸种6～8小时，沥去多余水分后放置冰箱冷藏24小时，置于18～20℃条件下保湿催芽，待部分种子露白后即可适墒浅播，播后及时覆盖秸草，保湿遮光以利出苗。11月上旬棉秆离田后及时施肥整地作畦，每亩用腐熟鸡粪 1 000 千克、三元复合肥 50 千克作基肥，要求全层施肥，按 3.6 米宽幅的重新作畦。苗龄 45 天左右、叶龄 5 ~ 6 叶时移栽定植，畦面上开 8 条深 3 厘米的浅沟，沟距 33 厘米，按规格移栽，栽后浇足定根水。当气温下降到 -2℃左右时，及时拱架覆膜保苗促长，拱棚顶高 1 米，保持小拱棚两头通风，当气温降到 -5℃以下时需严封棚膜防冻害。莴苣越冬前施 1 次粪肥，越冬醒根后追 1 次稀水粪，当幼株根茎膨大时掺水浇施 2 ~ 3 次速效氮肥，注意防治霜霉病、灰霉病和蚜虫等。

7. 大麦/西瓜/棉花【实例 70】

江苏省如东等地应用该模式，每亩收获大麦 150 千克、西瓜 1 200千克、棉花（籽棉）280 千克。

（1）茬口配置　3.3 米为一组合。秋播时，一个组合内种植大麦两幅，每个麦幅宽 50 厘米，留空幅 2.33 厘米，其中大空幅 158 厘米、小空幅 75 厘米。在大空幅中覆 100 厘米宽的地膜，中间移栽 1 行西瓜，两边各移栽 1 行棉花，瓜棉间距 40 厘米。在小空幅中覆 50 厘米宽的地膜，移栽 1 行棉花。

（2）品种选用　①大麦，选用早熟、矮秆品种；②西瓜，选用早中熟优质品种，如“京欣 1 号”等；③棉花，选用“创杂棉 28”、“冀创棉 1 号”等品种。

（3）培管要点　①大麦。适期早播，施足基肥，适时追施拔节孕穗肥，注意倒伏控制和病虫害防治。②西瓜。适期早播，壮苗移栽，施足基肥，增施有机肥，每亩定植 200 ~ 220 株。定向理蔓，整去旺长植株的无效蔓。主要管理措施同常规。③棉花。棉花生育期间每亩施氮（N）12 ~ 15 千克、磷（P_2O_5）3 ~ 5 千克、钾（KCl）6 ~ 7 千克。氮肥中，安家发棵肥占 30%、接力肥占 20%、花铃肥占 35% ~40%、盖顶肥占

10%～15%。合理整枝，每株棉花选留1～2个叶枝，采取留壮去弱、留大去小、留高位去低位、留伸向行间去掉伸向株间的整枝方法。西瓜收获结束及时清除瓜藤和杂草，并做好棉花培土防倒工作，初花期及打顶后化控以控制株型。开展综合防治，控制病虫草害。

8. 棉花/草莓/玉米【实例71】

江苏省东台、亭湖、大丰等地应用该模式，玉米种植鲜食玉米，每亩收获棉花（皮棉）90千克、草莓2 000千克、玉米青果穗800～1 000千克、。

（1）茬口配置　3米为1个组合，棉花于5月上旬移栽，1个组合种植4行，大小行定植，其中：大行距150厘米、小行距70厘米，株距35厘米，亩栽1 700株。草莓于10上旬移栽于棉花行中，棉花大行内栽植2行，行距60厘米，小行内栽植1行，株距20厘米，每穴1株，每亩栽5 500株，一般在翌年3月中下旬开始采收，5月初采收结束。翌年3月上旬在草莓空幅处播种玉米，行距70厘米，株距22厘米，青果穗于6月下旬分批采收，棉花进入花铃盛期前采收结束。

（2）品种选用　①棉花。选用“科棉3号”等品种；②草莓。选用早熟丰产、半冬性品种，如“宝交早生”“星都2号”等。③玉米。选用早熟、优质糯玉米品种，如“苏玉糯2号”等。

（3）培管要点　①棉花。4月上旬营养钵育苗，3叶1心时移栽。5月上旬结合玉米培土壅根，每亩沟施45%三元复合肥30千克、锌肥1千克作基肥，移栽定植后及时追施安家肥，及时防治苗期病虫害。大田生长期，注意重施花铃肥、补施盖顶肥，适时整枝打顶，重点防治好盲椿蟓、斜纹夜蛾、棉铃虫、烟粉虱。②草莓。苗圃与大田按比例1：8建立，每亩苗圃施用腐熟菜饼肥80～100千克、尿素5千克、过磷酸钙25千克或草莓专用复合肥50千克作基肥。5月上旬选取无病虫害的健壮苗带土移栽于苗圃中，垄宽3米，离垄边30厘米各栽1行，株距70～80厘米，每亩栽450株，栽后及时浇活棵水。8月中旬假植，假植后抢墒松土除草，追肥时严格控制氮肥用量，促进花芽分化。大田定植时，选花茎粗短、新根多、叶柄短、5～6张展开叶的种苗，在阴天或晴天下午按规格套栽，每株种苗保留3叶1心，栽苗深度以“深不埋心、浅不露根”为宜，把苗茎弯面朝畦两侧，栽后每亩追施腐熟稀粪水肥2 500千克。幼苗定植成活后覆盖地膜，铺设地膜前，每亩施用腐熟厩肥2 000千克、过磷酸钙40千克、草木灰150千克。当白天温度低于15℃时加盖小拱棚（棚高50厘米左右），可用2～4米的竹片沿畦边呈弓形插入土中，每隔50厘米插1根，拱棚用数道小绳加固。开花结果期间，根据天气状况及时揭膜、盖膜，调节棚内温湿度。2月上旬约5%植株开花时和3月上中旬约5%植株结果时顺畦面浇施0.2%的45%三元复合肥液（每株5毫升），开花结果期注意防治灰霉病、蛇眼病及地下害虫。③玉米。地膜直播，出苗后及时放苗、间苗，每穴留苗1株。植株6～7叶展开时每亩施尿素10千克，10～11叶展开时每亩施尿素20千克加45%三元复合肥8千克，及时防治玉米螟。果穗采收后，将秸秆铺设在棉花行内还田。

9. 大麦/西瓜/棉花/萝卜【实例72】

江苏省如皋等地应用该模式，每亩收获大麦250千克、西瓜2 000千克、棉花（皮棉）75千克、萝卜2 000～3 000千克。

（1）*茬口配置*　畦宽3.33米，大麦于10月底、11月初播种在畦两侧，每畦中间留空幅 80 厘米。西瓜于翌年 3 月中旬营养钵育苗，4 月中旬在预留空幅内，株距 50 厘米，每亩栽 400 株，7 月 20 日左右清花。大麦收后每畦栽 4 行棉花，棉花小行宽 40 厘米，株距 26 厘米，每亩栽 3 000株左右。萝卜于 8 月 20 日左右在每畦中间直播，11 月上中旬采收。

（2）品种选用　①大麦，选用“如东三号”等品种；②西瓜，选用“京欣 1 号”等品种；③棉花，选用高产抗病品种；④萝卜，选用“日本理想大根”或地方优良品种“百日籽”等。

（3）培管要点　①大麦。管理措施同常规。②西瓜。管理措施同常规。③棉花。管理措施同常规。④萝卜。在西瓜离田后，每亩施用优质腐熟有机肥 2 000千克、腐熟粪肥 1 500千克、复合肥 30 千克、过磷酸钙 25 千克均匀撒施，深耕 30 厘米，整地做畈。如种植“日本理想大根”的要起小高垄栽培。出苗后及时间苗、定苗和除草，4～6 叶期根据苗情进行施肥，膨大期每亩施用尿素 15 千克。注意防治地下害虫和蚜虫。

10. （大麦＋豌豆）/西瓜/棉花【实例 73】

江苏省如东等地应用该模式，每亩收获大麦 250 千克、西瓜 2 000千克以上、棉花（皮棉）100 千克。大麦行间种植的豌豆用于作绿肥埋青，冬春季还可收割豌豆头、豌豆青荚上市，提高种植效益。

（1）茬口配置　畦面宽 3.5 米，秋播时在 1.5 米畦面上种植 2 行豌豆作埋青绿肥，在余下的 2 米畦面上播种两幅大麦，麦幅宽 55 厘米，麦幅中间留空幅 90 厘米。翌年 4 月中旬绿肥扣青后做成西瓜垄，分别在做成的瓜垄和预留的 90 厘米空幅处覆盖地膜，其中：瓜垄上覆 1 米宽的地膜、90 厘米空幅上覆 50 厘米宽地膜。西瓜、棉花均在 3 月底育苗，西瓜 5

月上旬移栽（每亩350株），棉花5月中旬在西瓜根两侧50厘米处和大麦空幅中间各移栽1行，每亩1 800～2 000株。形成1行西瓜、3行棉花的组合配置，并可在下年实行同一畦面的棉花与西瓜换茬。

（2）品种选用　①大麦，选用早熟、矮秆品种，如“如东三号”等；②西瓜，选择产量高、品质好的品种，如“京欣”等；③棉花，选用高产、抗病虫性强的品种，如“科棉三号”。

（3）培管要点　①大麦。每亩播种量6～7千克，采用“一基一追”施肥方法，每亩施纯氮5千克左右，其中基肥占70%、拔节孕穗肥占30%，做到氮、磷、钾配合施用。②西瓜。每亩施硫酸二铵10千克、过磷酸钙50千克、硫酸钾10千克作基肥，西瓜坐瓜后幼果有鸭蛋大小时及时追施尿素10～15千克，采取保留主蔓和基部健壮的两条侧蔓的三蔓整枝法，及时去杈，并理压瓜蔓3～4次。移栽地膜西瓜开花期气温低，昆虫少，采用人工授粉以可提高坐果率。把西瓜定位坐在主蔓的第二朵雌花或者侧蔓的第一朵雌花上，原则上一株一瓜，力求西瓜成熟一致，及时采收，不结二茬瓜，以利棉花的中后期生长发育。③棉花。为避免与西瓜施肥重叠，仅在大麦空幅内施用基肥，一般每亩施碳铵15千克、过磷酸钙10千克、氯化钾10千克。6月20日左右瓜藤封行时棉花正处于现蕾、搭架期，需补充肥水。7月上中旬西瓜收获结束后，结合灭茬培土，每亩追施尿素10～20千克。8月初如果棉花出现早衰及时追盖顶肥，一般每亩施用尿素7.5～10千克，同时搞好整枝和治虫。瓜套棉前期因受西瓜影响，植株生长缓慢，加之行宽、株稀，化控应从轻，通常于初花期每亩缩节胺1克对水15千克喷施，棉花打顶后5～7天每亩用缩节胺2.5～3克对水20～25千克喷施。

第四章　林果田多熟集约种植模式

一、主要林果作物的栽培特性与集约种植

1. 葡萄的栽培特性与集约种植

葡萄属于葡萄科葡萄属，为多年生落叶性藤本植物。葡萄味美可口，营养丰富。在长江流域通过葡萄避雨栽培和优良品种的推广，葡萄品质和质量显著提高，其葡萄种植面积迅速增加。在葡萄园通过合理间作实施其集约种植，能做到基本上不影响葡萄生长和产量，有效地提高耕地资源利用率和经济效益。

（1）*葡萄的主要栽培特性*　葡萄为深根性作物，多数情况下垂直分布密集于20～80厘米。其根系的年周期生长随气候、土壤和品种不同而异，根系年生长期比较长，如果土温常年保持在13℃以上、水分适宜的条件下，可终年生长而无休眠期。一般情况下，每年春夏和秋季各有一次发根高峰，而以春夏季发根量多。葡萄根系具有很强的发根能力，根系冬季抗寒性较差。欧亚种在－5℃以下发生冻害，欧美杂交种能抗－6℃低温，美洲种则能抗－7℃低温。

从地面发出的单一树干称为主干，主干上的分枝称为主蔓，主蔓上的多年生分枝称为侧蔓，带有叶片的当年生枝为新梢，新梢叶腋中由夏芽（或冬芽）萌发而成的二次梢称为副梢。着生果穗的新梢称为结果枝，不具果穗的新梢称为生长

枝。葡萄为落叶果树，秋季落叶至次年树液开始流动期间称为休眠期。打破自然休眠要求一定的低温。当日均温稳定在10℃以上时，葡萄茎上的冬芽开始萌发长出新梢，随着气温不断上升，新梢加长生长加快，在3～4周后生长最快，坐果以后新梢生长速度逐渐减慢，当秋季降温至10℃左右时营养生长停止。葡萄新梢只要气温合适可一直生长，生产上可通过夏季修剪、肥水管理等加以调控。气温在22～30℃时葡萄光合作用最强，大于35℃时同化效率急剧下降，大于40℃则易发生日灼病。

葡萄为喜光树种。光照不足时，新梢生长纤细、节间长、叶片薄，营养不良，不能正常成熟，树体易遭冻害，冬芽不充实，易出现瞎眼，甚至全株死亡。光照不足也影响果实发育，尤其介浆果成熟期光照不足，或果实着生部位区域光照不足时，果实成熟慢，果实色泽发育不良，品质下降。但强烈光照在某些情况下，可能会造成果实日灼，尤其是在夏季高温、水分供应不足时易发生。生产上选择适宜的栽植密度、架式，通过整形修剪、留枝密度、新梢布局，合理的肥、水管理等可以改善葡萄园光照情况。

葡萄是比较耐旱的果树，年降水量在600～800毫米是较适合葡萄生长发育的。土壤水分适宜，有利于葡萄萌芽整齐、新梢生长、浆果膨大等，是葡萄丰产的前提条件之一。长江流域降水量在1 000毫米以上，在萌发、生长、开花及果实发育前期，处于高温高湿的环境，露地栽培时易感染各种病害。土壤水分的剧烈变化，对葡萄会产生不利影响。若长期干旱后突然大量降水，极易引起裂果，果皮薄的品种尤为突出。夏季长期阴雨后出现炎热干燥天气，幼嫩枝叶也不能适应。

葡萄对土壤的适应性很强，除极黏重的土壤、沼泽地、重盐碱地不宜栽培外，其余各种类型土壤均能栽培。从优质丰产角度，一般要求土壤疏松、通气良好、肥力较好、保肥保水能力较强，土层厚度 1 米以上，地下水位 2 米以下，含盐量低于 0.2%，pH 值为 5.5～7.5。

（2）葡萄园的集约种植　葡萄定植密度因品种特性、架式、气候和立地条件等因素而有所差异，其定植时行距多在 2 米以上，在其较宽的行间可以种植一些矮秆、浅根、具有一定耐阴性的短季作物。葡萄采收后整体秋冬季约有半年基本闲置，秋季葡萄落叶至次年春季葡萄展叶这段时间，葡萄园内的光照比较充足，大多数耐寒性较强的蔬菜品种均可在其行间间作，如大蒜、莴苣、荠菜、青菜、蚕豆、豌豆、榨菜等。由于草莓秋季定植、翌年春季收获，其大田生长期正好与葡萄休眠期基本上吻合，葡萄园内定植草莓能够较大幅度地增加效益。

葡萄园进行间作时，要以不影响葡萄正常生长和生产管理为原则，合理选择作物类型，间作作物的播种（或定植）行应距葡萄根部 50 厘米以上。

2. 银杏的栽培特性与集约种植

银杏又名白果树、公孙树，属于银杏科银杏属，乔木。银杏是我国特有的珍贵裸子植物，也是我国著名的果用、材用、药用、绿化观赏用等多用途经济树种。银杏主干挺拔，叶形奇特，是优美的观赏树木，用作城市绿化和行道树。银杏的种仁营养丰富，有化痰止咳、补肺通经和止浊利尿等功效。叶子能杀虫，也可入药或提取药剂。木材坚实、纹理细致、硬度适中，是建筑、雕刻和细工家具的重要原材料。银杏寿命长，结果迟，实生银杏一般 20～30 年结果，即便通过嫁接也要 5～8

年才能结果，银杏纯林前期效益低，在银杏园实施间套种，能充分地利用银杏林内光热资源，做到以短养长，实现长期效益与短期效益、生态效益与经济效益的统一。

（1）银杏的主要栽培特性　银杏为落叶大乔木，高达40米，胸径可达4米。幼树树皮近平滑，浅灰色，大树的树皮呈灰褐色，不规则纵裂，有长枝与生长缓慢的短枝。银杏的根系比较发达。银杏对温度的适应范围比较广，年平均温度在8～20℃的范围内都适合银杏的生长，但以16℃最为适合。银杏能耐－20～－18℃的低温，并在短期－32℃的寒冷条件下也不会冻死。光照对银杏树体生长影响很大，光照不足会影响花芽分化、开花数量、坐果率和商品质量等。银杏的抗旱能力较强，在年降水量1 000毫米左右的地区，成年和古老银杏树一般不需要灌溉，但幼树生长发育的主要时期仍应适当浇水。雨季要特别注意排水防涝，种植时也要选择地下水位3.5米以上地段，并要挖好排水沟。银杏在沙土类、壤土类、黏土类和砾土类土壤中都能生长，但以沙壤土和河滩冲积的沙土最适宜。

（2）银杏的定植　银杏多以（6～8）米×（8～10）米规格栽植，胸径4厘米以上，嫁接高度以1.5米为宜。

（3）银杏的肥料施用和水分管理　银杏养体肥在白果采收至翌年萌芽前均可施用，以采果后至落叶前施用效果较好，以迟效的绿肥、秸秆、人畜粪尿、厩肥、家杂肥、饼肥等有机肥为主，配施一定量的速效氮肥和磷肥或氮磷复合肥；长叶肥在授粉前45天至授粉后30天进行，如果上年是结果大年、或是树势较弱、或是落叶较早，施肥时间应在授粉之前，反之应在授粉后进行，以腐熟的人畜粪、饼肥等有机肥为主，可配施适量的氮肥或复合肥；长果肥于6月中旬至7月中旬之间进行，宜早不宜迟，以腐熟的人畜粪尿、饼肥等有机肥为主，可配施适量的氮肥、磷肥、钾肥或氮磷钾复合肥。一般每产50千克白果，全年需施优质有机肥（以优质猪粪为例）400~500千克、尿素5~10千克、过磷酸钙和硫酸二氢钾各2~3千克。养体肥、长叶肥、长果肥的用量依次为全年施肥量的3/5、1/5和1/5。此外，全年进行根外追肥4~5次，具体视植株生长状况而定，肥料种类和浓度分别为尿素0.3%~0.5%、新鲜草木灰淀出液2%~3%、磷酸二氢钾0.2%~0.3%、过磷酸钙浸出液0.5%~1%、硼砂0.1%~0.2%，在展叶1个月后开始施用，最后一次叶面施肥在采果30天前进行。全年重点浇灌好3次水，分别在3~4月、6~8月、9月遇有天气干旱时各浇灌1次水，每次浇灌要渗透渗足。多雨天气要及时排水降渍。

（4）土壤管理　种植1~2年后，每年的10~11月，于植株树冠边缘的滴水线位置向外挖（60~80）厘米×（60~80）厘米的环形深沟。回填时每株混施绿肥、秸秆、落叶等40~50千克，以及人畜粪尿40~50千克、饼肥3~5千克、过磷酸钙2~3千克，表土放在底层，底土填在表层。雨后、灌水后或结合除草进行中耕松土，中耕深度为5~10厘米。生长季节及时人工除草。

（5）银杏的整形与修剪　①幼树。以整形为主，树形采用多主枝自然开心形，从嫁接的接穗上选取3~5根分布比较均匀、生长健壮、着生角度45°在左右，生长势基本一致的分枝培养成主枝。接穗上抽生的其他枝条一般从基部疏除，培养主枝时要注重侧枝的培养，从主枝方向角度较好的健壮枝条培养为侧枝，疏除侧枝竞争枝、密生枝和直立旺枝。②成年挂果树。疏除树上的密生枝、竞争枝、内膛徒条枝、病虫枝、枯枝等，对其他的旺枝可留3~5芽进行短截，促生分枝，加以控制与利用，对过长的单轴延生枝可适度回缩。③衰老树。对病虫枝、枯枝等进行疏除，对衰弱的主枝和侧枝进行回缩更新，更新的强度视树体衰弱的程度而定，主侧枝越弱，回缩的强度越大。④苗木。宜采用疏散分层型，树高 1/3 下枝条全部剪除，注意培养好树型。

（6）银杏的人工授粉　从生长健壮、无病虫害树上采集雄花，选择花序大、花粉囊饱满、淡黄色、无变质的雄花，将采集下来的雄花可用晾晒干燥法或石灰干燥法进行处理，使其散出花粉，散出的花粉用洁净纸包好后放在阴凉干燥处备用。若遇结果大年，授粉时间可偏早一些，当树上有 50% ~60% 的胚珠完全成熟时进行。如是结果小年，授粉时间可晚些，当树上有 70% ~80% 的胚珠完全成熟时进行授粉。授粉方法是用花粉水溶液进行树冠喷雾，按每产 50 千克白果用 0.15 千克雄花序散出的花粉对水 24 ~30 千克计算每株的用花量和用水量。授粉要选择晴天，在露水干后进行。如果授粉后 2 小时内遇雨要进行补授粉，授粉所用的器械和水都要清洁、无毒、无碱、无农药等有害物质。花粉液要随配随喷，配好的花粉液不能超过 2 小时，喷雾时要使雾点细，喷得匀，速度快，以银杏树冠的中、下部为主。

（7）银杏的疏果及病虫害防治　当幼果达豌豆大小时进行人工疏果，留果量为果树负载量的 150%，银杏 6 月生理落果之后进行定果，留果量约为果树负载量的 110%。果树负载量因树体的生长、发育情况而不同，以奶枝、果的 1：（1 ~1.5）计算。采取综合措施，防控叶枯病和超小卷叶蛾、刺蛾等病虫害。

（8）银杏园间作的主要模式类型　银杏园间作模式多样，主要有银杏苗木模式、银杏果树模式、银杏桑树模式、银杏粮菜模式和银杏牧草模式。

在银杏园中可培育银杏幼苗、小型绿化苗木，如黄杨（球）等，也可培育半耐阴常绿绿化苗木，如香樟、枸骨、桂花、含笑等，或者培育桃叶珊瑚、大叶麦冬等耐阴地被植物。在银杏林中，可培育一些稍耐阴灌木，如红花槛木、金边黄杨、金叶女贞、海桐、黄杨、紫叶李、紫薇、龙柏等树种。间作苗木时应不影响银杏的生长，苗木越大，距银杏树越远。

银杏果树间作，果树应选用可矮化密植的优良品种。长江下游沿江等地的银杏园，可间作果树有枣树、柿树、无花果和葡萄等。①枣树。选用沂水大雪枣，该品种为自然实生枣优良品种，具有早实性强、果形大、晚熟、耐贮、耐瘠、耐旱、抗病等优点，非常适宜平均气温高于12℃，土层厚度40厘米以上的沙壤土、排水良好的地区栽培。树高控制在1.8～2米，冠径2米左右，采用疏散分层形或小冠疏层形树，以多年生枝部位和一年生枝部位结果并重，栽植当年见果，第2年株产1～2千克，第3年进入丰产期。②柿树。选用日本甜柿和大方柿。日本甜柿品种有新秋、藤八、新津20，栽植配授粉树5∶1。方柿品种有无核方柿，不需配授粉树。柿树抗旱、耐湿，其结果早，寿命长，产量高，一般柿树栽植后3年始果，4年有收益，6年后进入丰产期。③无花果。无花果既是栽培果树，又是优良绿经树种，不仅结果早、果实成熟期长，而且容易繁殖，病虫少，对土壤适应性较广，抗旱不耐涝，可年年丰产。品种以日本无花果、中国无花果、玛斯文陶芬、布兰瑞克为主，栽植规格3米×3米，用一年生苗栽植，多主枝自然开心形，定干高度40～50厘米，栽后3年每亩可产鲜果150～200千克，栽后6～7年进入盛果期。④葡萄。可选用巨峰、滕稔、夏黑等品种，建园初期可套种马铃薯、花菜、菠菜等蔬菜。

银杏桑树复合套栽，可以充分利用立体空间，提高光能利用率和土地利用率，该模式已在江苏泰兴、如皋等地较大面积推广。银杏桑树套栽初期，桑树长势比较旺盛，应采取措施保障新栽银杏树的良好生长。一是采用半径在 4 厘米以上的大规格银杏树，并将嫁接高度统一在 1.5 米以上。二是挖除位于银杏树四周 1 米范围内的原栽桑树，留足银杏树的营养面积。三是通过修剪，控制桑树枝条的过度伸展，确保银杏树有适宜的生长空间。四是采用扩穴施肥方法，诱导和促进银杏树根系向外伸展，增加银杏施肥量。五是在银杏树树冠下向外挖环状小沟，切断少量桑树须根，减弱部分桑树的“抢肥”能力，同时增加桑树施肥量。秋冬季节可套栽大蒜、青菜等。

在银杏园内可种植小（大）麦、玉米、花生、甘薯、大豆等，以及马铃薯、莴苣、芫荽、芹菜、菠菜、青菜、大白菜、黄花苜蓿、蚕豆、豌豆等作物，并可根据粮菜作物的栽培特性进行茬口组配，实施一年多熟种植。

银杏园内可种植黑麦草、苜蓿、菊苣、狼尾草、苏丹草等牧草。其中：间作黑麦草时，每亩可产草 4 000 ~ 8 000千克；间作菊苣时，每亩可产鲜草 8 000千克左右；间作苜蓿时，每亩可产鲜草 4 000 ~ 5 000千克或晒制干草 1 000千克左右；间作狼尾草时，每亩可产草 8 000千克左右，可用来青贮作为冬春枯草期饲料；间作苏丹草，每亩产草 9 000千克左右，也可用来青贮。

此外，还有银杏草莓模式、银杏食用菌模式等。银杏园间作时，由于银杏在挂果前后和冬季要追施肥料，同时为避免银杏树冠的遮掩，在距银杏根部 1.5 米范围内不得栽种作物。

3. 梨的栽培特性与集约种植

梨属于蔷薇科梨属，乔木。梨果营养价值较高，味甜汁多，酥脆爽口，并有香味，是深受人们喜爱的鲜食果品。除鲜食外，还可加工成梨汁、梨膏、梨干、梨酒、梨醋、罐头和梨脯。在梨园通过合理间作实施其集约种植，能做到基本上不影响梨树生长和产量，有效地提高耕地资源利用率和经济效益。

（1）梨的主要栽培特性　梨树根系一般多分布于肥沃疏松水分良好的土层中，以 20～60 厘米为最多，80 厘米以下根很少，到 150 厘米根更少。根系水平分布则愈近主干，根系愈密，愈远则愈稀。梨树根系生长一般每年有两次高峰，春季萌芽以前根系即开始活动，以后随温度上升而见转旺。到新梢转入缓慢生长以后，根系生长明显增强，新梢停止生长后，根系生长最快，形成第一次生长高峰。以后转慢，到采果前根系生长又转强，出现第二次高峰。以后随温度的下降而进入缓慢生长期，落叶以后到寒冬时，生长微弱或被迫停止生长。

梨的树体高大，寿命长。梨树萌芽力强，成枝力弱，先端优势明显。梨树多中短枝，极易形成花芽。梨树开始结果早，但树种、品种有差异。梨树一般以短果枝结果为主，中长果枝结果较少。

不同种的梨对温度的要求不同。秋子梨最耐寒，可耐 −35～−30℃，白梨可耐 −25～−23℃，沙梨及西洋梨可耐 −20℃左右。当温度高于 35℃以上时，生理即受障碍。梨树喜光，年需日照为 1 600～1 700小时。梨年需水量为 353～564 毫米，但种类品种间有区别。沙梨需水量最多，有年降水量 1 000～1 800毫升地区，仍生长良好。梨对土壤要求不严，沙土、壤土和黏土都可以栽培，但仍以土层深厚、土质疏松、排水良好的沙壤土为好。梨喜中性偏酸的土壤，但 pH 值为 5.8～8.5 时均可生长良好。梨亦较耐盐，含盐量达 0.3% 时即受害。

（2）梨园的集约种植　梨是多年生落叶果树，一般种植四年后才能投产，每年 4 月萌芽，11 月落叶，梨定植的株行距，大中冠品种的行距以 5～6 米、株距 3～4 米为宜，矮化密植和小冠品种可采用行距 4～5 米、株距 1～2 米。幼年梨园在其较宽的行间，可进行周年多茬套种，如春季套种毛豆、矮刀豆、西瓜、花生等矮秆作物，秋季套种甘蓝、青花菜、大白菜，冬季套种雪菜、榨菜、莴笋、大蒜、青菜等，套种时要注意梨树的正常管理，使其健壮生长。成年梨园主要进行冬季套种，套种作物的生育期正好与梨树的冬季休眠期相吻合，也可利用成年梨园套种喜荫作物，提高梨园经济效益。

二、葡萄园集约种植模式

1. 葡萄园＋（贝母/毛豆—莴苣）【实例 74】

江苏省海门等地应用该模式，在基本不影响葡萄产量与效益情况下，每亩收获贝母 500 千克、毛豆 500 千克、莴苣 2 000千克。

（1）茬口配置　葡萄园为单壁篱架规格，每 5.5 米为一个组合，大行距 3.5 米、小行距 2 米，株距 60 厘米，每亩密度 400 株左右。采用主蔓扇形整枝。间作时，贝母于 9 月下旬至 10 月上旬在葡萄大行中播种，翌年 5 月上旬地上部分开始枯黄，地下鳞茎充分成熟，作为商品贝母及时收获，作为种贝原田越夏保种，地面种植其他作物，一般在 9 月开始挖做种子销售。毛豆于5月中旬套种于贝母行间，8月上旬青荚上市。莴苣于7月中旬育苗，8月上中旬移栽，10月上中旬开始出售。

（2）品种选用　①贝母，选用高产抗病的浙贝；②毛豆，选用粒大、糯性好的“小寒王”品种；③莴苣，选用特耐热品种，如“科兴2号”。

（3）培管要点　①贝母。基肥及早施足，结合耕翻每亩施腐熟厩肥2 000千克、菜饼肥100千克、复合肥75千克作基肥，并整地作畦，开好田间一套沟。种植行距20厘米、株距4厘米，播种深度7厘米，出苗后结合施苗肥搞好松土、除草，翌年1月上旬每亩施粪水1 000千克作冬腊肥，3月上旬每亩施粪水1 000千克或尿素10千克作鳞茎膨大肥，4月上旬摘花后每亩施尿素5千克作花肥，植株开花时摘除上部位的花蕾，注意防治灰霉病。②毛豆。每亩施过磷酸钙15千克作基肥，按行距40厘米、穴距25厘米播种，每穴播种3～4粒，开花前中耕除草，初花期每亩施尿素10千克作花荚肥，封行前1周用多效唑化控。③莴苣。播种前种子需低温处理并催芽，苗龄25天后4片真叶时移栽。移栽前每亩施复合肥40～50千克作基肥，栽植行距40厘米、株距24厘米，生长期间多浇水以保持土壤湿润，降低地温，及时施好提苗肥及抽薹肥，开盘期叶面喷施膨大素，注意防治蚜虫及霜霉病。

2. 葡萄园＋马兰【实例75】

江苏省宜兴等地应用该模式，在基本不影响葡萄产量与效益情况下，每亩收获马兰550～750千克。

（1）茬口配置　春季或秋季均可移栽。春季移栽于4月下旬至5月上旬进行，连根挖出野生植株，剪去部分过长的老根，移栽至葡萄园，穴栽或行栽，穴距为20~25厘米，每穴栽3~4株，行距20~30厘米，踏紧并浇足水。秋季移栽于8~9月进行，挖取地下宿根，剪除老根、老枝，地上部保留10~15厘米，其他与春季栽培相同。

（2）*品种选用* 选用嫩茎为紫红色或绿色的野生马兰进行栽培。

（3）*培管要点* 马兰适应性强，栽种前只需将葡萄园土进行耕翻晒垡（距葡萄主茎30厘米），除草并施入少量基肥，每亩施用鸡粪100~150千克即可。2~3片真叶时，每亩施用稀粪水500~800千克，以后每采收一次追施1次稀粪水，生长期间及时清除田间杂草。秋季移栽苗活棵后要经常浇水，保持土壤湿润，雨季应及时排水、防止田间积水。采用薄膜覆盖可提早上市或是延长采收期。分批采收，用剪刀剪取嫩梢，剪大留小，一般采收3~4次。

3. 葡萄园+蚕豆【实例76】

江苏省张家港等地应用该模式，蚕豆种植鲜食大粒品种，在基本不影响葡萄产量与效益情况下，每亩收获蚕豆青荚300~400千克，青荚采收后其蚕豆茎叶在葡萄行间覆盖或埋青。

（1）*茬口配置* 蚕豆于10月下旬至11月上旬进行播种，在葡萄行内种植2行，行距80~100厘米，穴距20厘米，每穴播种3~4粒。若有大棚覆盖，蚕豆可在4月中下旬采摘青荚。

（2）*品种选用* 选用“通蚕鲜2号”等大粒蚕豆品种。

（3）*培管要点* 抢墒适期播种，播时每亩施25%复合肥30千克、灰杂肥600千克作基肥，搞好整枝，当株高达到30

厘米时要打去主茎，剔除无效分枝，留健壮侧枝 5 ~ 6 个，并用土块压在植株中间，使侧枝分开。盛花期每亩穴施碳酸氢铵 10 千克或尿素 5 千克作花荚肥，盛花后期应及时打顶。注意灌溉抗旱。

4. 葡萄园 + 草莓【实例 77】

江苏省常熟等地应用该模式，在基本不影响葡萄产量与效益情况下，每亩收获草莓 600 ~ 700 千克。

（1）茬口配置　葡萄种植行距 3 米、株距 1.5 米。葡萄采摘结束后及时清理园地，10 月上中旬施葡萄有机肥及草莓基肥，同时做好土壤消毒。草莓 10 月中下旬栽植。在葡萄两边 50 厘米处移栽 2 行，即 1 行葡萄 2 行草莓，株距 20 厘米左右，每亩栽植 2 500株左右。

（2）品种选用　选用休眠浅或较浅的品种，如“丰香”、“明宝”等。

（3）培管要点　每亩施腐熟禽畜粪 3 000千克，同时可混入磷酸钙、钙镁磷肥等 20 千克、过磷酸钙 100 千克、硫酸钾复合肥 25 千克作基肥。选择具 4 片叶以上、顶芽健壮、新根较多、株型矮壮的草莓苗于阴天带土移栽，栽植深度应使苗心的茎部与田面相平，即深不埋心、浅不露根，栽前剪除秧苗的部分老残叶，只保留 2 ~ 3 片新叶。栽后遇晴天可用遮阳网小拱棚覆盖，成活后揭去，靠葡萄遮阳。浇足定植水，定植后 6 ~ 7 天于早上或傍晚浇 1 次小水，新叶正常生长时停止浇水，同时坡边中耕，促进土壤通气防止沤根。幼苗成活后每亩追施硫酸钾复合肥 20 千克左右，可溶水滴灌施入，也可以浅沟条施或穴施，花芽分化前停止使用氮肥，并控制灌水进行蹲苗，以促进幼苗充实和花芽分化。早春草莓新芽萌发至现蕾期，每亩施用尿素10千克、硫酸钾复合肥15千克、硫酸钾10千克。4月中旬草莓初花期，看苗施用适量氮肥、磷酸钙、硫酸钾复合肥等。果实膨大期，每亩施用尿素8~10千克防止植株早衰。也可叶面施肥，一般前期以氮肥为主，花期可喷磷酸二氢钾和硼砂。叶面施肥的尿素浓度0.3%~0.5%、磷酸二氢钾浓度0.3%~0.5%、硼砂浓度0.1%~0.3%，可结合喷药每15天喷施1次。追肥后也要浇水，保持土壤湿润。早春浇水视土壤温度和气候而定，浇头水在开花率70%时效果最好，浇小水，时间宜在傍晚。开花时要小水勤浇，保持土壤持水量80%左右。果实膨大期控制浇水。搞好土壤中耕，早春中耕一般3~4厘米为宜，靠近植株宜浅，果实采收后结合培土追肥，中耕深度可增加到8厘米。搞好田间除草。每株草莓留2~3个花序，花蕾分离期适量疏去弱花，幼果青色时及时疏去畸形果、病虫果。及时摘除老叶、病叶，每株只留3片左右新叶。摘除匍匐茎，花期和坐果期可用赤霉素100毫克/升叶面喷施。霜冻来临前，可用小拱棚无纺布覆盖，预防霜冻。及时防治草莓病虫害。

三、银杏园集约种植模式

1. 银杏园+（青菜—花生—大豆）【实例78】

江苏省姜堰等地应用该模式，银杏园每亩收获青菜2 000千克、花生250千克、大豆200千克。

（1）*茬口配置*　银杏园中，沿银杏行向每隔4~6米开一条浅墒，以利排除田间积水。10月在整理好的银杏园中栽种冬青菜，行、株距均为15厘米。春节前后冬青菜陆续上市后，在银杏园中以 75 厘米为一幅起垅做埂，底宽 75 厘米、埂高 20 厘米、埂面宽 45 厘米，3 月上中旬在埂面上播 2 行春花生，行、株距均为 20 厘米，每穴播 2 ~3 粒，然后化除覆盖地膜。6 月底至 7 月初花生收获后，耕翻整地，按行距 30 厘米、穴距 15 厘米种植大豆，每穴 3 ~4 粒，10 月可收获。

（2）品种选用　①青菜，选用“苏州青”等品种；②花生，选用中熟、抗病、优质高产品种，如“泰花 2 号”等；③大豆，选用早熟、产油率高、商品性好的品种，如“泰兴黑豆”等。

（3）培管要点　①青菜。将让茬后的银杏园及时耕翻并沟系配套，耕翻时不要伤到银杏根系，每亩施用腐熟的灰肥 1 500千克或腐熟人畜尿 500 ~ 1 000千克，另加 25% 复合肥 25 ~30 千克作基肥，然后栽种冬青菜，栽后勤浇腐熟的稀薄人畜粪，防冻保苗越冬，春节前后收获上市。②花生。青菜陆续上市后，2 月底前及时整地，按规格要求起垄，每亩施用优质灰粪肥 1 500 ~ 2 000千克、45% 复合肥 30 千克、尿素 5 ~ 7. 5 千克作基肥，将经过种子处理的花生仁塍在垄面上，播后整平垄面，喷施适当的除草剂后覆盖地膜。花生出苗后结合破膜进行清棵，使子叶刚好露出，以利第一对侧枝生长。当主茎 6 ~7 叶时，每亩用惠满丰 100 毫升对水 40 千克喷雾，隔 1 周再喷一次，以促进花芽形成、果针下扎。主茎 13 叶、株高 30 ~35 厘米时，每亩用 15% 多效唑加水 40 ~50 千克喷施，以控制营养生长、促进生殖生长。主茎 16 ~ 17 叶时，每亩喷 0. 3% 磷酸二氢钾溶液 40 千克，以养根保叶、促进果实成熟。及时用药防治病虫害。③大豆。7 月初花生全部收获后，耕翻平整土地，每亩施 25% 复合肥 15 千克作基肥，播种时遇干旱天气应及时浇足底水，开花初期每亩追施尿素 5 ~7. 5 千克，注意防治大豆锈病、紫斑病和豆荚螟、大豆食叶虫等病虫害。

2. 银杏园+（黄花苜蓿—玉米—大白菜）【实例79】

江苏省泰兴等地在幼龄银杏园应用该模式，玉米种植鲜食玉米，每亩收获黄花苜蓿（草头）600千克、玉米青果穗750千克、大白菜4 000千克。

（1）*茬口配置* 黄花苜蓿于9月下旬至10月初播种，翌年3月采收并清茬；4月上中旬整地并移栽玉米，玉米行距70厘米，株距30厘米，每亩密度3 200株，7月上旬采收青果穗上市；大白菜于8月中下旬播种，高畦栽培，畦面宽1.1～1.2米，畦沟宽20～35厘米，每畦两行，株距50厘米。11～12月采收结束。

（2）*品种选用* ①黄花苜蓿，选用优质地方良种；②玉米，选用“苏玉糯1号”、“苏玉糯2号”等品种；③大白菜，选用“87-114”、“改良青杂3号”等品种。

（3）*培管要点* ①黄花苜蓿。最佳播种期为9月下旬至10月初，茬口允许时也可提前到8月下旬。每亩播种量10～15千克。播种时，每亩用过磷酸钙20千克左右（或高浓度复合肥10～15千克）加泥水调至成胶质状溶液，将浸泡后的种子均匀掺入，然后在田间人工划沟（沟深2～3厘米），顺沟泥浆浇种。土壤墒情较好时，也可将种子与过筛后的杂灰和肥细土均匀拌和，反复搓揉后形成似羊粪状的粒子，然后划沟条播并盖灰踏实。出苗后，长势较差的田块每亩施用薄水粪2 000千克作苗肥。黄花苜蓿生长过程中，用磷酸二氢钾溶液喷施1～2次，注意做好田间降渍、除草和食叶虫害的防治。当植株具有5～8个叶节时可刈割上市，第一次刈割时，刈割部位以下要留2～3个叶节，利于叉头。刈割后要及时追肥，每亩用碳铵、过磷酸钙各 10 千克加水 1 500千克泼浇，越冬期亩施杂灰 2 500 ~ 3 000千克。气温降到 0℃以下时可采取小拱棚薄膜覆盖，当棚温过高时需揭膜降温。②玉米。地膜直播或塑盘育苗移栽，4 月上中旬整地，每亩施腐熟有机肥 2 000 ~ 3 000千克、45%复合肥 30 千克左右作基肥，5 月下旬至 6 月初每亩施人畜粪 2 500千克、尿素 10 ~ 12 千克作拔节孕穗肥，注意防治玉米螟。③大白菜。每亩施腐熟农家肥 5 000千克后耕翻，定植前每亩施复合肥 25 千克后再浅耕、耙平作高畦，按规格定植。定植后每亩用尿素 5 ~ 7 千克均匀随水浇施，莲座期每亩施用尿素 10 ~ 15 千克，结球前期结合灌水每亩施用尿素 20 ~ 25 千克。加强水分管理，做到畦面见湿不见干。注意防治霜霉病、病毒病、软腐病和菜青虫、小菜蛾等病虫害。

3. 银杏园 +（马铃薯—花生—雪菜）【实例 80】

江苏省泰兴等地在幼龄银杏园应用该模式，每亩收获马铃薯 2 000千克、花生 300 千克、雪菜 2 000千克。

（1）茬口配置　马铃薯于 1 月下旬催芽、2 月上旬播种，双膜高垄栽培，垄距宽 80 ~ 90 厘米，株距 25 ~ 30 厘米。马铃薯收获后及时施肥、整地，起垄播种花生，垄宽 73 厘米，垄面宽 45 ~ 50 厘米，垄高 15 ~ 20 厘米，双行穴播，穴距 18 厘米，每穴 2 ~ 3 粒。雪菜于 8 月上中旬播种育苗，在花生收获后及时施肥整地、作畦、移栽，每畦净宽 1.55 米，沟宽 25 厘米，移栽行距 45 厘米、株距 35 厘米，10 月底及时采收。

（2）品种选用　①马铃薯，选用脱毒的“中薯 3 号”、“郑薯 6 号”等品种；②花生，以泰花系列为主，优先选用“泰花 4 号”等；③雪菜，选用地方优质良种。

（3）培管要点　①马铃薯。冬前深耕，每亩施腐熟的灰肥2 000千克、粪肥1 500～2 000千克、高浓度硫基复合肥30～40千克、尿素30千克作基肥，整地做成高垄，按规格播种，播深10～12厘米，覆盖地膜前在垄面和垄沟喷施除草剂。4月上中旬发棵期每亩用腐熟薄水粪500千克、高浓度复合肥10千克加水1 500千克点浇，苗质较差的可加尿素3～4千克掺水浇施。中后期叶面喷施0.2%磷酸二氢钾溶液，注意用药防治晚疫病、黑胫病、地下害虫、蚜虫等病虫害。②花生。起垄覆膜，每亩施用优质灰粪肥1 500～2 000千克、花生专用复合肥50千克、碳铵15～20千克作基肥，先覆膜后播种，齐苗后用尿素2～3千克对水空施捉黄塘。花生开花后20～25天，主茎13叶、株高30～35厘米时，每亩用15%多效唑对水40～50千克喷施。注意排涝降渍，及时防治病虫害。③雪菜。择肥沃、爽水、无病虫害的蔬菜地育苗，及时间苗、定苗，4叶期适当追肥。花生收获后，每亩施腐熟粪肥2 500千克、复合肥25～30千克作基肥，适时移栽，栽后5～7天查苗补缺。栽后15天每亩用尿素5～7.5千克加水1 000～1 500浇施，每两周施肥一次，连续追肥3次。及时防治蚜虫。

4. 银杏园+（豌豆—蓼草）【实例81】

蓼草系蓼科植物，可全草入药，其性温、味辛，能解毒、利湿、补血，药用价值高，蓼草的籽粒可加工成芽菜，为营养价值很高的保健食品。江苏省泰兴等地在幼龄银杏园应用该模式，豌豆种植食荚豌豆品种，每亩收获豌豆荚850千克、蓼草籽180千克。

（1）*茬口配置*　在幼龄银杏园内作畦，畦宽1.5～1.6米、畦高10～15厘米，豌豆于11月5～10日播种，宽窄行种植，宽行行距85～90厘米、窄行行距65～70厘米（窄行在高畦中央），穴距25～30厘米，每穴播种3～4粒。蓼草4月25日左右播种育苗、5月中旬假植，经育苗、假植后于6月10日左右在银杏园内定植，定植时拉行筑垅，每垅间距1.2米，垄高30厘米，将蓼草苗定植在小高垅上，株距45厘米。10月25～30日视种子成熟度及时收割。

（2）品种选用　①豌豆，选用优质、高产的食荚豌豆品种；②蓼草，选用适宜本地种植的抗逆性强、高产的蓼草品种。

（3）培管要点　①豌豆。每亩施腐熟的农家肥2 000～3 000千克、45%复合肥10千克、硫酸钾8～10千克作基肥，按规格要求作畦播种，播深4～5厘米。基肥偏少、长势偏差的田块，冬前苗期每亩用腐熟人畜粪1 000～1 500千克追施2～3次。株高20～30厘米时，在小行上用芦竹或青竹等搭架（幼苗要包在棚架内），棚架地上部高度1.8～2米，株高45厘米以上时，引蔓绑缚上架。翌年春返青期每亩施用45%复合肥10千克、尿素6～8千克，荚果开始采收后，每隔一周用0.2%磷酸二氢钾及硼、锰、钼等微量元素根外追肥，注意防治白粉病、褐斑病、霜霉病和蚜虫、潜叶蝇等病虫害。②蓼草。每亩大田育苗床12～15平方米，及时播种，每亩大田用种量7～8克，播种后先盖地膜、再盖小拱棚。每亩大田需假植田45～50平方米，蓼草叶龄2～3片时假植。6月初在定植的银杏园每亩施用腐熟灰粪肥2 000千克后旋耕、耙平，起垅前每亩撒施药剂防治地下害虫，当植株5～6片真叶、单株分枝1～2个时定植。定植前3～4天大田灌水保湿，定植时要边栽边浇水。定植成活后，每亩用45%复合肥15～20千克在两株之间开塘深施。7月底、8月初在行间铺盖黑地膜，膜宽1.5米，株间交接处将两地膜连接（如用订书机等），覆膜前每亩打塘穴施腐熟饼肥 50 千克、45% 复合肥 15 ~20 千克，并结合锄草松土 1 ~2 次，盖膜后注意清除膜间长出的杂草。9 月底至 10 月初，每亩用惠满丰 150 ~300 毫升喷施。蓼草常发性害虫主要有蓼蟓甲、螟虫、棉铃虫等，突发性害虫有斜纹夜蛾等毁灭性害虫，注意及时防治。收获时割秆摊晒，抖脱种子，将种子收拢风选后在水中淘净晒干，做到无杂草种、无虫粪、无杂质、含水量在 11% 以下，并及时包装。

5. 银杏园 + （小麦—甘薯）【实例 82】

江苏省泰兴等地在幼龄银杏园应用该模式，每亩收获小麦 400 千克、甘薯 3 300千克。

（1）茬口配置　在幼龄银杏园内作畦，小麦于 11 月 1 ~5 日播种，翌年 5 月下旬至 6 月初收获；甘薯于 6 月上旬栽插，可采用垄作双行栽插，垄距 90 ~100 厘米、垄高 30 厘米，株距 35 厘米，每亩栽 4 000 ~ 4 500株，也可采用方墩栽培，每墩底面积 0. 8 ~1 平方米，墩高 30 ~40 厘米，每墩栽 4 ~6 株。

（2）品种选用　①小麦，根据生产需要选择品种，如种植弱筋小麦的可选用“扬麦 13”等品种；②甘薯，选用“北京 553”、“北京 2 号”等品种。

（3）培管要点　①小麦。根据小麦类型确定肥料运筹方案。以弱筋小麦为例，每亩施用腐熟农家肥 2 000千克、生物有机复合肥 40 ~50 千克、碳铵 20 千克、秸秆 300 千克作基肥，每亩播种量 6. 5 ~7 千克。小麦 1 叶 1 心至 2 叶 1 心期每亩施用粪肥 1 500千克、或碳铵 20 千克作苗肥。12 月中旬至翌年 2 月中旬，以促壮苗为目标看苗施用平衡肥，通常每亩施尿素 3 ~5 千克。小麦基部第一节间定长时，每亩施用 45% 复合肥 15 千克、尿素 5 千克作拔节孕穗肥。及时清沟理墒、排水降渍，注意防治病虫草害。②甘薯。小麦收获后及时整地作垄或做墩，每亩施用杂灰或人畜粪2 000千克、高浓度复合肥25千克作基肥，按规格栽插甘薯，薯苗斜插入土，甘薯醒棵后每亩施用薄水粪1 000～1 500千克，甘薯生长中期（表土出现裂缝）每亩再施人畜肥1 000～1 200千克。山芋醒棵后至封垄前一般人工除草1～2次。生长旺盛的田块要适时提藤，即轻轻地提起山芋藤蔓，拉断节间下的不定根后再放回原处，做好排水降渍及蛴螬、卷叶虫、斜纹夜蛾等害虫的防治。

6. 银杏园＋冬枣＋柿树【实例83】

江苏省泰兴等地在幼龄银杏园种植冬枣、甜柿，每亩收获冬枣200千克、甜柿200千克。

（1）茬口配置　冬枣在幼龄银杏树行间的中央定植一行，株距2.5～3米，每亩栽35～40株。柿树在幼龄银杏行内的中央栽植一株，挖直径1米、深0.8米的塘穴定植。

（2）品种选用　①冬枣，选用“沂水大雪枣”等品种；②柿树，可选用“新秋”、“藤八”、“新津20”等日本甜柿品种，栽植配授粉树为5∶1。

（3）培管要点　①冬枣。定植前将土地整平，栽植后中耕松土，全园覆盖20厘米厚的麦秸秆。每年采收后开沟每穴施有机肥50～100千克、果树专用肥1～2千克，4月上旬萌芽前，每株追施尿素0.5～1千克或磷酸二氢钾0.3～0.7千克，6月上旬每株施用尿素0.5～1千克作坐果肥，8月上旬每株施人粪尿15～25千克、果树专用肥0.5～1.5千克，施肥深度10～15厘米，施肥量按树体大小和结果多少而定。6月上中旬开花坐果期，叶面喷施0.3%尿素＋0.2%硼砂混合溶液2次，8～9月叶面喷施0.3%磷酸二氢钾3～4次，果实采收后用0.5～1%尿素溶液叶面喷施。果树萌芽、开花前和幼果膨大等需水关键期遇干旱时应及时浇水，雨季需及时排除积水。搞好整形修剪，一般采用小冠疏层形，定干高度80厘米左右，结果期的冬枣树要及时疏除徒长枝、竞争枝、交叉枝、过密枝、细弱枝和病虫枝。回缩下垂枝，对骨干枝上抽生的一二年生头生枣，根据空间大小留3～5个二次枝短截培养成结果枝组，骨干枝延长头下垂衰弱时进行回缩，用背上枝换头，使其保持60°～70°。冬枣树生长旺盛，整形修剪要冬剪与夏剪相结合，以夏剪为主。6月上旬全树开花30%时进行环割，干周在20厘米以下分次环割，第一次在“芒种”前后，每隔7天再割1次，连割3次，干周在20厘米以上的进行主干环剥（环剥宽度0.5～0.7厘米）。花期进行枣头摘心。生长较直的枝需要拉技，使角度达70度以上。在生理落果后，如果坐果较密要进行疏果，旺树每个枣吊留1个果，弱树2～3个枣吊留1个果。注意防治枣锈病、轮纹病、炭疽病和日本龟蜡蚧、盲椿象、枣黏虫、枣瘿蚊等病虫害。②柿树。定植前在定植沟内每株施用腐熟厩肥50千克、磷肥1千克作基肥，做墩（墩面高出地面30厘米），萌芽后用稀薄粪水浇施，每隔10天浇施一次，连续施用5～6次，9～10月每株开挖长1.2～1.5米、深40厘米以上施肥沟1～2条，施用腐熟有机肥50～100千克、过磷酸钙1～2千克，果树生理落果及采收1个月，每株挖4～5个深30厘米的穴，将复合肥1～2千克用水溶解后穴施，萌芽前视树势每株施用碳铵0.5～1千克（旺树可少施或不施）。疏除和和短截部分过密结果母枝，一般每株产50千克的成年树，留150～200根健壮结果母枝，一般留果300只左右，通过疏果保留大果，疏除小果、畸形果、并生果和病虫果。注意防治角斑病、炭疽病、刺蛾、介壳虫等病虫害。

7. 银杏园+桑树【实例84】

江苏省泰兴等地在幼龄银杏园种植桑树，前5年以桑园为主，成年桑园每亩产桑叶2 000～2 500千克，养蚕3.5～4张，产茧105～125千克。第6年年后银杏开始授粉、挂果。栽桑的前3年可套种植冬春蔬菜、地膜花生等，增加收益。

（1）茬口配置　每亩新栽950～1 000株桑苗或移栽2 000株桑嫁接体，套栽8～10株大规格（胸径4厘米以上）银杏嫁接苗，即银杏的行距8米或10米、株距8米，银杏以大佛指品种为主，嫁接高度以不低于1.5米为宜。桑树按行距1.33米、株距50厘米或行距1.67米、株距40厘米的等行栽植，银杏树1.2米范围内不栽桑树，桑树按20厘米定干。

（2）品种选用　桑树选用“育71—1”品种。

（3）培管要点　桑树的最佳定植期为12月中下旬，先按定植规格开沟，沟宽35厘米、深40厘米，每亩用土杂肥3 000～5 000千克、过磷酸钙50千克施入沟中，回土拌肥、碎土填平，然后拉线划行，选择根颈部直径0.3厘米以上、高40厘米以上的桑苗，将根部浸渍泥浆后定植，浇好定根水，离地面10厘米处剪去上部苗茎。桑园要开好排灌沟，在桑树发芽开叶期和夏秋季，可通过排灌沟灌跑马水方法满足桑树用水的要求。前期银杏树要多施绿肥、复合肥，坚持勤施薄施的原则，桑树栽植时除施足基肥外，生长期根据桑树的需肥特点合理施肥，并做好中耕除草、病虫害防治等工作，对影响银杏树生长的桑树要及时伐除，通过2～3年管理，使银杏树有较为稳定的丰产树型，桑树每年通过正常伐条修剪，以获得稳产高产。

8. 银杏园＋牧草【实例85】

江苏省泰兴等地在银杏园应用该模式，每亩收获牧草1 500～6 000千克（视牧草品种不同而差异较大）。

（1）茬口配置　银杏以大佛指品种为主，栽植胸径4厘米以上的大规格苗木为宜，株、行距为8～10米。①黑麦草，系越年生禾本科牧草，9～10月播种，翌年3～11月利用；②苜蓿，通常在9月上旬至10月中旬播种，株高40～50厘米时开始刈割；③菊苣，系多年生宿根牧草，通常地温10℃以上时播种育苗，幼苗6叶时移栽，全年利用期可达8个月，一次种植可利用5～8年；④狼尾草，系一年生禾本科牧草，5～7月播种，7～10月利用；⑤苏丹草，系一年生禾本科牧草，4～7月播种，6～10月利用。

（2）品种选用　牧草品种以多花黑麦草、紫花苜蓿、菊苣、杂交狼尾草、苏丹草为主。

（3）培管要点　①黑麦草。播前精细整地，每亩施粪肥1 500～2 000千克、复合肥15～25千克作基肥，以条播为主，行距20～25厘米，播后覆土2～3厘米，当黑麦草长出3～4张叶片时氨肥1次，以后转入正常生长后追施粪肥，当植株高50～60厘米时刈割利用，留茬高度10～15厘米，每次刈割后需及时追肥，每亩施用尿素6～8千克。②苜蓿。条播，行距30厘米，播深2厘米，浅盖籽1～1.5厘米，出苗后及时中耕除草，苗期施用尿素6～8千克，株高40～50厘米时开始刈割，留茬高度5厘米，全年刈割5～6次，每次刈割后需及时追肥，每亩施用尿素10千克。③菊苣。条播，行距40厘米，播种深度1.5厘米，出苗后每亩施尿素10千克，注意排水降渍，植株高40～50厘米时开始刈割，留茬高5厘米，以后每

20～25 天刈割 1 次，全年刈割 7～8 次，刈割后待刀口上乳汁干后及时追施粪肥或尿素。④狼尾草。条播，行距 25～30 厘米，当幼苗长出 3～4 叶时，每亩施尿素 2～3 千克，正常生长后每 10～15 天追肥 1 次，两个月后即可刈割，留茬高度 10～15 厘米，刈割后每亩施用尿素 10 千克，结合追肥进行中耕，杂交狼尾草供草期较长，全年可刈割 8～10 次，狼尾草对锌有一定的敏感，缺锌时会出现叶片发白，可喷施0.005%～0.1%硫酸锌溶液 2～3 次，间隔 7～10 天喷施一次。⑤苏丹草。每亩施用腐熟有机肥 1 000～1 500千克作基肥，耕翻、整平后条播，行距 30 厘米左右，播种后覆土 3～4 厘米。出苗后及时中耕除草，每隔 10～15 天中耕除草一次，注意抗旱、排涝。植株高 50～60 厘米时可开始刈割，留茬 5 厘米，每次刈割后需及时追肥，每亩施用尿素 8～10 千克，水肥条件较好时可割 7～8 次。

四、梨园集约种植模式

1. 梨园＋（洋葱—大白菜—大蒜）【实例 86】

江苏省海安等地应用该模式，在幼龄梨树的株行间空隙进行多熟套种，在不影响梨树生长和梨园丰产优质情况下，每亩收获洋葱 2 500千克、大白菜 2 000千克、蒜薹 300～350 千克、蒜头 900 千克。

（1）*茬口配置*　洋葱于 11 月中下旬定植，翌年 5 月中下旬收获；夏白菜于 5 月中下旬育苗，6 月上旬定植，7 月上中旬收获；大蒜于 7 月中下旬播种，11 月上旬收获。1～3 年生幼树应留出 100～150 厘米树盘不套种。

（2）品种选用　①洋葱，选用“上海红皮洋葱”、“南京红皮洋葱”、“北京紫皮洋葱”等品种；②大白菜，选用“夏阳”、“热抗王”等品种；③大蒜，选用“二水早”等品种。

（3）培管要点　①洋葱。定植前每亩施腐熟有机肥1 500千克、饼肥100千克、25%复合肥40千克作基肥，耕翻整地后做成200厘米宽、20厘米高的高畦，选用适当的除草剂喷施防除杂草，然后覆盖地膜，按行距20厘米、株距20厘米分级定植，翌年春季植株返青期，结合浇水每亩施尿素10～15千克，鳞茎膨大初期，结合浇灌水，每亩施25%复合肥15～20千克，及时摘除花梗，植株假茎松软倒伏时即可采收。②大白菜。5月中下旬营养钵育苗，幼苗苗龄7天左右移栽。移栽前每亩大田施腐熟有机肥2 000千克、磷酸二铵30千克，整地做成80厘米宽、20厘米高的高畦，每亩定植2 800～3 200株，定植后覆盖地膜，及时引苗出膜，加强肥水管理，视情况每天傍晚可浇水1次，不宜漫灌，雨后及时排除积水。③大蒜。选留单只重约50克蒜头作种，结合土壤耕翻每亩施腐熟厩肥2 500千克、饼肥50千克、过磷酸钙40千克作基肥，整地做成200厘米宽、20厘米高的高畦，按行距16.5厘米、株距10厘米播种，栽完蒜后将畦面耧平，浇水后趁湿将地膜切入土中，并覆盖到畦面，大蒜出苗后及时破膜引苗，大蒜返青后及时浇水追肥，4月上中旬每隔7天浇一次水，每亩施用尿素10千克或叶面喷施0.5%尿素与0.3%磷酸二氢钾混合液，注意用药防治地蛆，蒜薹甩苞后顶端弯曲时在晴天下午采收，蒜薹采收后再次追肥，5月中下旬收获蒜头。

2. 梨园＋茖荷【实例87】

茖荷为姜科姜属多年生草本植物，是一种具有保健功能的特色蔬菜。江苏省如东等地应用该模式，利用茗荷耐阴的特点，在成园梨树的行间套种，在不影响梨树生长和梨园丰产优质情况下，每亩可收获茗荷500千克。

（1）茬口配置　梨树的株、行距配置依整形方式和地形而定，常用300厘米×400厘米或300厘米×300厘米。南北向种植，每亩栽56株，两行正中开一条同向排水沟，沟宽25厘米、深30厘米。茗荷株、行距各为70厘米，两行梨树间栽4行茗荷，每块种茎2~3芽，每亩3 500~4 000株。

（2）品种选用　选用地方的优质茗荷品种。

（3）培管要点　冬前每亩施有机肥1 500~2 000千克，然后耕翻筑畦，畦面最好向排水沟倾斜。立春后定植茗荷，定植时按70厘米行距开沟，沟深12厘米，将冬贮茗荷种茎切成留有2~3个芽的小块，将茗荷种芽向上定植在沟内，盖薄土并保持湿润。地上茎长至13~15厘米时，结合追施梨树保花肥每亩施尿素12~15千克，并用碎秸秆覆盖根部，通过避光保湿以提高花轴品质。茗荷齐苗后至花轴抽出前，遇雨或施肥浇水后应中耕、锄草，以防土壤板结。花轴抽生期遇干旱时要补充水分。6月底至7月初，每亩15%多效唑40克叶面喷施，以控高促壮。茗荷的食用部分为嫩芽、花轴和地下茎等，但以花轴为主。嫩芽须在13~16厘米长、叶鞘散开前采收，但不宜采收过多。花轴一般于8~9月花蕾出现前采收，过晚采收不能食用。地下茎多在晚秋采收，同时可选留种茎。茗荷在同等产量水平下可连续收获3~4年，每年霜后割去地上茎，来年出芽后及时疏密，每亩保留4 000株左右即可。

3. 梨园+榨菜【实例88】

江苏省如东等地应用该模式，在成园梨树的行间套种榨菜，在不影响梨树生长和梨园丰产优质情况下，每亩可收获榨菜1 500千克。

(1) *茬口配置* 榨菜采用育苗移栽，10月下旬移栽定植，每两个梨树行间种植5～6行榨菜，行距25～30厘米，株距13～15厘米，4月初采收。

(2) *品种选用* 选用优质的地方良种或“浙桐1号”品种。

(3) *培管要点* 榨菜于9月中下旬播种育苗，以4～5片叶定植为宜。定植前清除梨园杂草及残枝败叶，翻耕整地，每亩施腐熟有机肥1 000千克、复合肥25千克作基肥。移栽后5～7天幼苗成活后每亩用2～3千克尿素加水500千克或用薄粪水5担浇施。1月下旬每亩用15千克碳铵、10千克过磷酸钙、3千克氯化钾加水800～1 000千克浇施。2月下旬重施瘤茎膨大肥，一般每亩用15千克尿素、8千克氯化钾加水浇施，1周后每亩可用尿素3千克、氯化钾4千克（或者单用氯化钾）再补追一次肥料。生长后期与防治病害相结合，可进行1～2次叶面喷肥。生长期间，做好抗旱及清沟排水等工作。

4. 梨园+黑麦草【实例89】

江苏省吴江等地应用该模式，在幼龄梨树中套播黑麦草(养殖菜鹅)，在不影响梨树生长的情况下，每亩梨园套种的黑麦草可养殖菜鹅80只。

(1) *茬口配置* 9月20日将黑麦草种子均匀撒播于种植田块的幼龄梨树行间，翌年3月10日开始结合苗鹅的需草量适时收割。

(2) *品种选用* 选用“多花黑麦草”品种。

(3) *培管要点* 首先对将种植梨树的田块（或上半年刚

种植梨树的幼龄梨树田块）根据梨树品种的种植要求，整畦开沟，并预留好种植沟（穴）。适时播种黑麦草，播前每亩施用高浓度复合肥 15 ~20 千克作基肥，每亩用种量 1. 2 千克左右，播后均匀洒水，需连续洒水 3 次。翌年春季黑麦草苗高 5 厘米时每亩施用 7. 5 千克尿素，每次收割黑麦草后追施尿素 5 千克。按要求选用针对性除草剂适当清除杂草。3 月 10 日开始结合苗鹅需草量适时收割，根据实际需要量可每隔 10 ~12 天割草一次。

5. 梨园 + 杭白菊【实例 90】

杭白菊系菊科多年生草本植物，具有祛风明目、降火解毒、平肝阳、安肠胃、利血气以及减肥轻身耐老之功，对于风热、感冒、高血压、冠心病诸症有独特功效。杭白菊是“浙八味”之一，素有“西湖龙井，杭白贡菊”之美誉。浙江等地应用该模式，在 1 ~3 年生幼龄梨园中套种杭白菊，通过增收杭白菊其经济效益显著。

（1）茬口配置　杭白菊一般于 4 月上旬定植，梨树行两边 80 ~100 厘米处各定植一行，株距 20 ~30 厘米，每穴 2 株。通常在小雪前后采收结束。

（2）品种选用　选用“小白菊”或优系“香仙子”等杭白菊品种。

（3）培管要点　深秋结合梨树施入基肥，每亩施用腐熟厩肥 2 000千克、过磷酸钙粉 50 千克，撒施后深翻 30 ~40 厘米，耙细整平。选择生长良好、无病虫害、茎粗壮、根系发达、植株高约 40 厘米的菊苗定植。栽后每亩用人粪尿 50 ~100 千克对水浇施，促进活苗。菊苗栽后 15 天左右，当苗长至 50 厘米高时可进行第 1 次压条。压条前，每亩用羊棚肥

500～1 000千克在菊苗行两边铺施，用松土覆盖后压条。压条时把枝条向两边揿倒，每隔10厘米左右压上泥块，确保枝条与松土接触，有利于菊苗节节生根和节部侧枝生长。待新侧枝长至20厘米左右时，最好早熟梨采收前进行第二次压条，压条的方向由密处向稀处压，使菊苗生长趋于平衡。以压条2次为宜，并于7月底前结束，确保正常收获季节。8月，当新梢长至10～15厘米时摘心，一般摘心2～3次，每次摘心后每亩施腐熟人粪尿100～150千克（加水稀释）或复合肥15千克，在梨果采前一周停施含氮量高的肥料。小白菊生长前期要及时松土、开沟排水，促进菊苗发根长叶。高温季节，遇到伏旱要及时做好抗旱工作。注意防治叶枯病、根腐病和蚜虫、菊天牛、夜蛾、金龟子等病虫害。当菊花的舌状花舒展平直、筒状花有70%散开时进行分批采摘，采花时间以晴天上午露水干后或下午为宜，做到随采、随运、随摊、随加工，保持松散通风，让其自然散发水分，防止霉变。实践表明，7月中旬至8月上旬采摘的梨园套种杭白菊比较合适。

第五章　其他类型田多熟集约种植模式

本章主要介绍除玉米田、棉田、林果田之外的其他类型田多熟集约种植模式，按夏熟作物不同，归类成蚕豆茬、麦茬、油菜茬和蔬菜茬等四种类型。

一、蚕豆茬多熟集约种植模式

1. 蚕豆＋大蒜/西瓜—番茄【实例91】

江苏省海门等地应用该模式，蚕豆种植鲜食品种采收青荚，大蒜采收青蒜，一般每亩收获青蚕豆籽300千克、青蒜700千克、西瓜2 500千克、番茄1 500千克。

（1）茬口配置　秋播时采取4米组合，蚕豆于10月中旬在2米播幅中种4行，行距66.7厘米，其余2米中种一幅大蒜（播幅1.3米），或栽种6行（行距26厘米），边行大蒜离蚕豆35厘米，翌年5月中下旬蚕豆采收青荚上市。西瓜于3月底制钵育苗，大蒜收获青蒜后移栽，株距40厘米，地膜覆盖。番茄于7月中旬育苗，8月上旬待西瓜收获离田后移栽，150厘米1个组合，大行距90厘米，小行距60厘米，株距28～30厘米，每亩密度3 000株左右，9月中旬开始采摘上市。

（2）品种选用　①蚕豆，选用“陵西1吋”或“海门大白皮”、“海门大青皮”等品种；②大蒜，选用早熟抗病品种，如“二水早”、“三月黄”、“太仓白蒜”等；③西瓜，选用“8424”、“京欣1号”等品种；④番茄，选用丰产、抗病品种，如“合作906”或“苏粉2号”等。

（3）培管要点　①蚕豆。每亩施用复合肥25千克作基肥，每亩用种量10千克左右，可开行定距穴播，穴距20～25厘米，每穴3粒，播深7厘米。2月底至3月上旬剪除冻害枝、无效分枝，每穴留有效分枝5个，初花期每亩施用尿素5千克作花荚肥，盛花期防治好蚕豆赤斑病。②大蒜，选择色白、肥大、无病、无损的蒜瓣作种，每亩用种量50～60千克，播前用多菌灵液浸种。每亩施腐熟有机肥1 000～1 200千克作基肥，播时浇足粪水后下种盖薄泥土，播后盖草（厚度约5厘米），一般每亩施粪肥500～600千克作越冬肥，以利培育健壮蒜苗。③西瓜。翌年3月底小拱棚育苗，幼苗3片真叶后移栽。栽前10～15天在于移栽地表面，每亩施腐熟有机肥6 000千克、三元复合肥25千克，然后耕翻整地。移栽时在定植行内每亩用200～300千克粪水浇施造墒，然后做成50厘米宽、10～15厘米高的小垄覆膜保墒。移栽后及时整理田间一套沟，防止田间积水，抓好苗期病虫害防治。④番茄。育苗地应选择肥沃、地势较高的疏松田块，防虫网覆盖育苗。栽后及时搭架、整枝、追肥、防治好病虫害，开花时可用番茄灵液喷施以提高坐果率。

2. 蚕豆/芋艿【实例92】

江苏省启东等地应用该模式，蚕豆种植鲜食品种采收青荚，具有较高的农田产出。

（1）茬口配置　蚕豆于10月中旬播种，行距1米。翌年4月上旬在蚕豆行间播种1行芋艿，5月上中旬青蚕豆采摘后，将秸秆割下放在芋艿棵边作绿肥。

（2）品种选用　①蚕豆，选用“启豆 5 号”等品种；②芋艿，选用香沙芋品种。

（3）培管要点　①蚕豆。每亩施用过磷酸钙 40 千克作基肥。开行穴播，穴距 25 厘米，每穴 3 粒。越冬前做好壅土防冻工作，可在蚕豆行的迎风（西北）一面壅成 10 厘米高的土埂，以挡风保暖。3 月上中旬对长势旺盛、分枝密度过高的田块进行整枝，整去主茎老化枝和细弱的后期分枝，每米行长留健壮分枝 45 个左右。3 月下旬、4 月初每亩施用尿素 7.5 千克作花荚肥。注意防治赤斑病和蚜虫。②芋艿。2 月上中旬在蚕豆行间整地施肥，每亩施用腐熟有机肥 1 000千克、复合肥 20 千克。整地后筑垄，垄沟宽 45 厘米、深 25 ~30 厘米。选择无病、无伤口、顶芽充实、单个重 30 克左右的子芋做种。播种前，先晒种 2 ~3 天，剥除干枯叶鞘。播种前将垄沟内土壤翻松整细，播时将种芋顶芽朝上，株距 30 厘米，每亩播 2 300株左右。播后浇团结水并覆盖细土 2 ~3 厘米。2 ~3 片真叶时，每亩追施稀薄粪水 500 千克作提苗肥。5 片真叶时，每亩施用腐熟人畜粪肥 500 千克、腐熟饼肥 100 千克作发棵肥。芋苗 7 ~8 片真叶时，结合培土每亩施用复合肥 50 千克、碳铵 30 千克以及适量的草木灰或钾肥作膨大肥。芋艿在发棵及球茎膨大期，在其行间覆盖秸秆，保持田间湿润。整个生长期应培土 3 次，芋苗 4 ~5 片真叶时适当向芋苗根部培土，15 ~20 天后通过培土使垄沟与地面持平，芋艿膨大期时进行第三次培土（培土高 15 ~20 厘米），使原垅背形成 10 ~15 厘米的垅沟。注意防治疫病、腐败病和红蜘蛛、斜纹夜蛾、豆天蛾及蛴螬等病虫害。生长中期，可叶面喷施块根块茎膨大素 2 ~3 次。

3. 蚕豆—毛豆—豌豆【实例93】

江苏省启东等地应用该模式，蚕豆、毛豆、豌豆均采收青荚，一般每亩收获青蚕豆青荚800～1 000千克、毛豆青荚1 000千克、豌豆青荚550 千克。

(1) 茬口配置　蚕豆于每年 10 月中旬播种，行距 1.33 米，穴距20 厘米，每穴播种 3～4 粒，每亩密度8 000株左右，翌年 5 月中旬蚕豆青荚采摘上市。青毛豆于5 月中旬播种于蚕豆两侧，行距67 厘米，穴距30 厘米，每穴播种 3～4 粒，定苗 2 株，每亩密度6 600株左右，8 月底采收青荚。豌豆于9 月上旬播种，行距33 厘米，每米行长播种 30～33 粒，每亩播种量 12～15 千克，每亩密度 4.8 万～5 万株，11 月上中旬采收青荚上市。

(2) 品种选用　①蚕豆，选用“陵西 1 吋”或“启豆 5 号”等品种；②毛豆，选用“通豆 6 号”等品种；③豌豆，选用“中豌 6 号”等品种。

(3) 培管要点　①蚕豆。每亩施过磷酸钙 40～50 千克作基肥。12 月中旬壅根防冻。翌年 3 月下旬至 4 月初，每亩施用尿素 7.5 千克作花荚肥。3 月上中旬整枝，每米行长留健壮分枝 50 个左右。注意防治赤斑病和蚜虫。②毛豆。每亩施用复合肥 15 千克作基肥，播后芽前用除草剂化除杂草。初花期每亩施用尿素 7.5 千克作花荚肥。注意防治大豆食心虫和蜗牛。③豌豆。播种前，每亩用腐熟的优质农家肥 1 000千克、复合肥 30 千克、碳铵 20 千克均匀撒施于地面，用旋耕机浅耕、精细平整，用药防治地下害虫。按规格适期播种，播种后如遇高温干旱，及时浇水促出苗。初花至盛花期，每亩施用尿素 15 千克作花荚肥。开花结荚期高温干旱时，及时灌溉抗旱。

注意防治蜗牛、棉铃虫、斜纹夜蛾等虫害。

4. 蚕豆—西瓜—青花菜【实例94】

江苏省如东等地应用该模式，蚕豆种植鲜食品种采收青荚，西瓜种植无籽西瓜，一般每亩收获青蚕豆荚1 200千克、西瓜3 000千克、青花菜1 500千克。

（1）*茬口配置*　蚕豆于10月中下旬播种，行距1.65米，开行穴播，株距20厘米，每穴播种2粒，每亩密度4 000株左右，翌年5月中旬采摘青荚上市。西瓜于4月20～25日播种育苗，5月下旬移栽定植，行距3.3米，株距80厘米，每亩栽植240株，7月中下旬采收。青花菜在7月下旬至8月上旬播种，8月下旬定植，每亩栽植2 500～3 000株。

（2）*品种选用*　①蚕豆，选用“陵西一寸”等品种；②西瓜，选用“豫艺966”、“豫艺926、“郑杂新一号”等无籽西瓜品种；③青花菜，选用“优秀”、“圣绿”、“马拉松”等品种。

（3）*培管要点*　①蚕豆。播种前结合耕翻整地，每亩施用三元复合肥10～15千克作基肥，及时整去无头枝、细枝、病枝和迟发枝，每株留分枝3～5个，盛花期适时打顶，每亩用尿素5千克作花荚肥。注意防治蚕豆赤斑病、褐斑病、蚕豆象和蚜虫。②西瓜。无籽西瓜种子的种壳厚，播种前应先破壳，用50℃温水浸种15分钟后放在清水中继续浸种10小时，然后催芽，当有80%种子发芽时进行播种。小拱棚育苗。移栽前15～20天，每亩用腐熟鸡粪1 000千克、48%三元复合肥50千克、碳酸氢铵50千克、硫酸锌1千克，充分混匀后开沟深施（沟深25～30厘米）或撒施后深耙，同时整平整细畦面，畦面喷施除草剂防除杂草。移栽时畦面覆盖地膜，按规格要求定植。西瓜每株留蔓 3～4 个，在主蔓 10～11 节上进行人工授粉，每株授 2～3 个瓜。主蔓瓜有鸡蛋大小时结合浇水，每亩用碳酸氢铵 50 千克，开塘深施作膨果肥。注意防治枯萎病、蔓枯病、炭疽病和蚜虫、红蜘蛛、瓜绢螟等病虫害。无籽西瓜从授粉到采收，约需 35 天，当西瓜萼绢片处的卷丝开始枯萎或瓜柄上绒毛发白时，及时采收。③青花菜。塑盘基质育苗，苗龄达 25～30 天、具 4～5 片真叶时即可移栽大田。移栽前 10～15 天，每亩施用腐熟鸡粪/千克、复合肥 30 千克、硼砂 2 千克作基肥。移栽后 20 天，每亩施用碳酸氢铵 25 千克。开始结球后，每亩施用尿素 20 千克。注意防治蚜虫、小菜蛾、菜青虫、甜菜夜蛾等病虫害。

5. 蚕豆（或豌豆）—甘蔗【实例 95】

江苏省海门等地应用该模式，蚕豆种植鲜食品种采收青荚，一般每亩收获蚕豆青荚 800 千克、甘蔗 6 000千克。也可改蚕豆为豌豆，每亩可收获豌豆青荚 600 千克。

（1）茬口配置　采取 1.2 米组合，秋播前结合耕翻整地起好垄，垄背宽 90 厘米、垄沟宽 30 厘米，垄沟深 20 厘米。蚕豆于 10 月中旬在垄背中间种植 1 行，穴距 20 厘米，每穴播种 2 粒，翌年 5 月上中旬采摘青荚上市。若种植豌豆，于 11 月中旬在垄背中间种植 2 行，行距 40 厘米，撒条播。甘蔗于翌年 3 月下旬至清明节前后在垄沟内种植 1 行。

（2）品种选用　①蚕豆（豌豆），蚕豆选用“陵西一寸”或“海门大白皮”、“海门大青皮”等品种，若种植豌豆可选用生育期短的“中豌 4 号”、“中豌 6 号”等品种；②甘蔗，选用海门本地青皮甘蔗。

（3）培管要点　①蚕豆（豌豆）。播种时每亩穴施复合肥

40 千克作基肥。蚕豆春发时，及时摘除主茎枝，清理无效分枝和冻害分枝，每穴留健壮大分枝 5～6 个。根据蚕豆长势和发病情况，及时追施花荚肥，注意防治蚕豆赤斑病。若种植豌豆，每亩施用复合肥 40 千克作基肥，根据苗情进行追肥，生长后期用磷酸二氢钾叶面喷施，注意防治蜗牛和潜叶蝇等害虫。②甘蔗。整地起垄时，每亩施用腐熟羊（鸡）圈肥 1 000～2 000千克、复合肥 50 千克作基肥（全层施用）。当气温达到 13℃左右时开沟播种，下种前浇好薄粪水，然后在播种沟内贴泥平放甘蔗种段，芽向两侧，每亩种足 6 000个有效腋芽的茎段，下种后盖土 3～4 厘米，喷洒除草剂，密封盖膜。田间管理方面重点做好追肥培土和剥除多余分枝、枯叶。甘蔗追肥主要是施好分蘖肥和长茎肥，追肥要结合培土进行多次、分层施用。分蘖肥分别在分蘖初期和分蘖盛期分 2 次施用，分蘖初期（主茎苗具有 6～7 片真叶时）每亩施用粪肥或尿素 5～7.5 千克；分蘖盛期（主茎苗具有 10～11 片真叶时）每亩施用腐熟农家肥 1 000千克或尿素 7.5～10 千克，浇粪水更好，然后培土盖过肥料。长茎肥分别在伸长初期和伸长盛期分 2 次施用，伸长初期（株高 70～80 厘米时）每亩施用尿素 20～30 千克，然后培土 10 厘米左右；伸长盛期（株高 1 米以上时）每亩施用尿素 10～15 千克，培土 15 厘米左右。分蘖盛期按照收获的有效茎数及时拔除弱小苗、迟生的分蘖。8～9 月甘蔗伸长快，要及时把下部枯黄老叶剥除，一般剥枯叶 2～3 次，每次剥除 3～4 叶。注意防治蔗螟、蔗龟和凤梨病等病虫害。

6. 蚕豆＋大蒜/芋艿—青菜（菠菜）【实例 96】

江苏省靖江等地应用该模式，蚕豆种植鲜食品种采收青荚，大蒜采收青蒜，一般每亩收获蚕豆青荚 1 000千克、青蒜

750 千克、芋艿1 050千克、青菜（或菠菜）1 500千克。

（1）茬口配置　秋播时开沟作畦，畦宽2.8 米，沟宽20 厘米。蚕豆于10 月下旬宽窄行种植，宽行行距80 厘米、窄行行距40 厘米，穴播，穴距20 厘米。大蒜在蚕豆出苗后套种在宽行内，开沟条播，播幅30～40 厘米，翌年2 月中旬至3 月中旬分期采收青蒜上市。芋艿于3 月下旬在采收青蒜的行上套种两行，株距25～35 厘米，每亩播3 000～4 000株，5 月上中旬采收蚕豆青荚后将蚕豆茎叶壅在芋头根旁。青菜（菠菜）于10 月中下旬待芋艿收获清茬后种植。

（2）品种选用　①蚕豆，选用“陵西1 吋”等品种；②大蒜，选用“山东仓山白蒜”品种；③芋艿，选用地方传统农家品种红芽密节型靖江香沙芋；④青菜，选用“苏州青”等。

（3）培管要点　①蚕豆。秋播时结合整地，每亩施腐熟的优质农家肥1 000千克、过磷酸钙25 千克作基肥。蚕豆第三张复叶展开前，根据苗情每亩施用腐熟人畜粪300～400 千克或复合肥7.5～10 千克。盛花期每亩施用复合肥10～15 千克。2 月中旬摘去蚕豆主茎和无效分枝。②大蒜。播种前7 天，在播种行间条施专用复合肥50 千克、腐熟饼肥50 千克作基肥。大蒜苗期每亩施用尿素7.5～10 千克作提苗肥，隔10～15 天根据苗情浇施一次加少量碳铵的稀水粪。为促进大蒜（收获青蒜）提早上市，可用薄膜覆盖增温或用稻草覆盖防寒。蒜苗生长期间遇干旱要及时浇水，苗高20 厘米左右即可采收上市。③芋艿。出苗后每亩施用腐熟稀人畜粪750 千克作提苗肥。5 片真叶时每亩施用腐熟人畜粪1 500～2 000千克、复合肥（不含氯）15～20 千克作发棵肥。7～8 片真叶时，结合培土壅根，每亩施用土杂灰2 000千克、有机复合肥40～50 千克、秸秆 200 ~ 300 千克作结芋膨大肥。及时去除边荷，结芋期间要经常保持畦面湿润。④青菜（或菠菜）。注重肥水管理，早施、勤施稀水粪，配施适量速效氮肥对水浇施，以利速生快长。

二、麦茬多熟集约种植模式

1. 大麦 + 榨菜/西瓜—豌豆【实例 97】

江苏省启东等地应用该模式，豌豆采收青荚，通过多熟集约种植，形成较高的产出。

（1）茬口配置　以 2.67 米为 1 个种植组合。秋播时，每个组合麦幅 1.46 米，另 1.21 米种植榨菜。大麦于 10 月底在麦幅内条播。榨菜于 9 月中旬育苗，10 月下旬在 1.21 米内种植 3 行榨菜，行距 33 厘米，株距 25 厘米，每亩种植 3 000 株左右，翌年 4 月上旬收获。西瓜于 3 月下旬营养钵小拱棚育苗，5 月上旬在榨菜收获后的空幅中间移栽 1 行西瓜，株距 31 厘米，每亩种植 800 株左右，8 月下旬西瓜收获结束。豌豆于 9 月初播种，行距 33 厘米，每米行长下种 30 ~ 35 粒，每亩播种量 12 ~ 15 千克，每亩种植 4.8 万 ~ 5 万株，11 月上中旬采摘青荚上市。

（2）品种选用　①大麦，选用“通引麦 1 号”等品种；②榨菜，选用“桐农 1 号”等品种；③西瓜，选用优质高产品种，如“京欣”等；④豌豆，选用“中豌 6 号”等品种。

（3）培管要点　①大麦。每亩施用复合肥 30 千克、碳铵 25 千克作基肥，精量播种，每亩播种量 5 千克，做到田间沟系配套，越冬期每亩施用腐熟灰粪肥 500 千克，4 月上旬每亩施用尿素10千克作拔节孕穗肥，注意病虫草害防治。大麦收割后将秸秆铺在西瓜行间。②榨菜。适期播栽、培育壮苗。每亩施用500～700千克人畜粪、复合肥30千克作基肥，按规格移栽，移栽活棵后每亩施用尿素5千克，越冬前壅根防冻，立春至雨水期间每亩施尿素7.5千克，惊蛰至春分期间每亩施用尿素10千克。春后注意防治白粉病、蚜虫等病虫害。③西瓜。营养钵小拱棚育苗。每亩施用优质腐熟农家肥2 000千克、复合肥50千克、饼肥50千克作基肥，开沟深施，起垄平整，喷除草剂后覆盖地膜，按规格定植西瓜，及时浇足水。瓜长至鸡蛋大小时每亩施用尿素15千克作西瓜膨大肥，结瓜期用0.2%磷酸二氢钾叶面喷施。注意防治枯萎病、炭疽病\疫病和瓜螟、蚜虫等病虫害。④豌豆。播种前，每亩用腐熟农家肥1 000千克、复合肥30千克、碳铵20千克均匀施撒，用旋耕机浅耕，精细平整。做到适墒播种。播种后如遇高温干旱，应及时浇水促出苗。初花至盛花期，每亩施有尿素10～15千克。开花结荚期，进行叶面喷肥并注意灌溉抗旱。注意防治地下害虫以及蜗牛、棉铃虫、斜纹夜蛾等害虫。当豆粒充分膨大、豆荚饱满、荚色仍为深绿色、荚的表面产生网状小皱纹时即可采荚上市。

2. 元麦+青菜/香瓜—大白菜【实例98】

江苏省泰兴等地应用该模式，一般每亩收获元麦200～250千克、青菜400千克、香瓜1 200千克、大白菜3 000千克。

（1）茬口配置　以2米为1个种植组合。秋播时，每个组合麦幅宽1.2米，青菜幅宽0.6米，墒沟宽0.2米。元麦于10月底在麦幅内条播，行距20厘米，翌年5月中旬收获。青菜于10月初育苗，11月初移栽到预留的青菜幅内，12月下旬后分批上市，翌年1月底全部离田。香瓜于3月20日左右塑料薄膜覆盖小拱棚育苗，4月底、5月初移栽在青菜收获后的空幅，双株单行，株距67厘米，每亩栽种1 000株，8月上旬采收。大白菜于8月15日左右播种，每组合种3行，行距67厘米，株距50厘米，每亩留苗2 000株，10月底分批收获上市。

（2）品种选用　①元麦，选用“苏裸麦1号”、“通麦6号”或泰兴的地方元麦品种；②青菜，选用“上海青”、“苏州青”等品种；③香瓜，选用黄金瓜品种；④大白菜，选用“丰抗70”等品种。

（3）培管要点　①元麦。播前施足基肥，适期早播，做到早施苗肥、看苗追施拔节孕穗肥，注意防治好赤霉病和蚜虫。②青菜。移栽前在空幅内每亩施粪肥1 500千克作基肥，按规格适期移栽，行距20厘米、株距20厘米。③香瓜。移栽前5天，在原种植青菜的幅内每亩施优质粪肥2 000千克、家杂灰2 500千克、复合肥30～40千克作基肥。栽后5～7天，每亩施粪肥2 000千克作提苗肥。栽后20天左右，当主蔓长至5～6片真叶时，留4叶进行第一次摘心，同时每亩施粪肥2 500千克作发棵肥。栽后30天左右，当子蔓有5～6片真叶时，再留4叶进行第二次摘心，同时每亩施粪肥2 500千克、尿素10～15千克、腐熟菜籽饼30～40千克作花果肥。当果实接触地面时，可在畦面铺麦秸草，以防果实受损，成熟后要适时采收。④大白菜。播前每亩施复合肥40千克、饼肥70千克、粪肥1 500千克、腐熟优质鸭灰肥1 500千克作基肥。耕整后按规格穴播，每穴播种3～4粒。出苗后及时定苗，移密补缺、中耕松土。播后30天每亩用腐熟粪肥2 000千克、尿素

25 千克开塘穴施。注意防治软腐病、蚜虫。

3. 小麦/西瓜—豌豆【实例99】

江苏省启东等地应用该模式，豌豆采收青荚，一般每亩收获小麦300 千克、西瓜3 500千克、豌豆青荚500 千克。

（1）茬口配置　以2.67 米为1 个种植组合。秋播时，每个组合麦幅1.67 米，另预留1 米空幅。小麦于10 月底、11 月初在麦幅内条播。西瓜于3 月下旬营养钵小拱棚育苗，5 月上旬在空幅中间移栽1 行西瓜，株距31 厘米，每亩种植800 株左右，8 月下旬西瓜收获结束。豌豆于9 月初播种，行距33 厘米，每米行长下种30 ~35 粒，每亩播种量12 ~15 千克，每亩种植4.8 万 ~5 万株，11 月上中旬采摘青荚上市。

（2）品种选用　①小麦，选用“扬麦13 号”等品种；②西瓜，选用“早春红玉”、“8424”等品种；③豌豆，选用“中豌6 号”等品种。

（3）培管要点　①小麦。每亩施用复合肥50 千克、碳铵25 千克作基肥，精量播种，每亩播种量6 千克，做到田间沟系配套，越冬期每亩施用腐熟灰粪肥500 千克，4 月上旬每亩施用尿素15 千克作拔节孕穗肥，注意病虫草防治。小麦收割后将秸秆铺在西瓜行间。②西瓜。营养钵小拱棚育苗。每亩施用优质腐熟农家肥2 000千克、复合肥50 千克、饼肥50 千克作基肥，开沟深施，起垄平整，喷除草剂后覆盖地膜，按规格定植西瓜，及时浇足水。瓜长至鸡蛋大小时每亩施用尿素15 千克作西瓜膨大肥，结瓜期用0.2%磷酸二氢钾叶面喷施。注意防治枯萎病、炭疽病\疫病和瓜螟、蚜虫等病虫害。③豌豆。播种前，每亩用腐熟农家肥1 000千克、复合肥30 千克、碳铵20 千克均匀施撒，用旋耕机浅耕，精细平整。做到适墒播种。播种后如遇高温干旱，应及时浇水促出苗。初花至盛花期，每亩施有尿素 10～15 千克。开花结荚期，进行叶面喷肥并注意灌溉抗旱。注意防治地下害虫以及蜗牛、棉铃虫、斜纹夜蛾等害虫。

三、油菜茬多熟集约种植模式

1. 油菜—甘薯＋芝麻【实例 100】

江苏省海门等地应用该模式，一般每亩收获油菜 250 千克，甘薯 3 000千克，芝麻 25 千克。

（1）茬口配置　油菜于 9 月 20～25 日育苗，秧龄 30～35 天（苗龄 5～6 叶期）移栽，移栽行距 85 厘米，株距 18 厘米。油菜收获后及时起垄，每个组合 120 厘米，作成垄高 35 厘米、垄背宽 75～80 厘米的高垄，约在 6 月上中旬栽插甘薯，剪取 20～25 厘米高的壮苗，高垄双行栽插，每垄交栽插二行，株距 23 厘米。芝麻 5 月中旬育苗，于 6 月中旬苗龄 20～25 天（叶龄 3～4 叶）时移栽。芝麻栽种在双行甘薯的垄背上，株距 50 厘米，每亩栽 1 100株。

（2）品种选用　①油菜，选用中早熟品种，如“沣油 737”等；②甘薯，选用“合作 906”等品种；③芝麻，选用“千头黑芝麻”品种。

（3）培管要点　①油菜。及时育苗，秧本田比 0.2：1，秧田每亩施复合肥 10 千克，肥土充分耕细整平后分畦播种，每亩用种量 0.5 千克，出苗后注意蚜虫等害虫的防治，秧苗 3～4 叶有多效唑化控促壮。移栽时每亩大田用 25% 复合肥 50 千克，及时施好腊肥和薹肥，注意防治油菜菌核病。②甘薯。

清明后当地温达到14℃时排薯育苗，育苗前整地施肥后做成150厘米长的苗床，浇足底水，按33厘米宽的行距开埭播种5行，出苗后浇水、追肥。大田起垄前施用毒土防治好地下害虫，薯苗栽插时深5厘米，入土节数不少于5节，栽时浇足水。薯苗栽插成活后每亩浇施尿肥3～5千克作提苗肥，栽后30天每亩浇施尿素5～8千克作壮株结薯肥，薯藤叶封垄后每亩浇施尿素5～8千克作长薯肥。藤叶封垄前每亩用多效唑50克对水喷雾，控制藤蔓旺长。③芝麻。芝麻秧苗移栽在甘薯垄背上，亩栽密度1 000株左右。苗期注重防治地老虎危害，中后期防治棉铃虫等夜蛾类害虫。

2. 油菜—番茄【实例101】

江苏省海门等地应用该模式，一般每亩收获油菜200～250千克、番茄3 500～4 000千克。

（1）茬口配置　油菜于9月20日左右播种，10月下旬移栽，株距16厘米，平均行距80厘米，每亩移栽密度5 200株，翌年5月底收获。番茄于5月20日左右播种育苗，6月15～20日移栽定植，株距25厘米，平均行距60厘米，每亩栽密度4 400株，9月5日前收获完毕。

（2）品种选用　①油菜，选用中晚熟双低油菜品种，如“秦优10号”等；②番茄，选用“合作906”等品种。

（3）培管要点　①油菜。油菜秧龄35天左右，3～4叶期用多效唑化学调控，培育矮壮健苗。移栽时每亩施用油菜专用复合肥50千克，移栽后轻浇一次薄粪水，油菜抽薹期每亩施用尿素10～15千克。注意防治油菜菌核病。初花期结合防病喷硼肥。②番茄。培育健壮苗，苗龄25～30天。移栽前每亩施有腐熟的畜禽等有机肥2 000～2 500千克、过磷酸钙50千克，耕翻入土。按规格移栽，移栽后轻浇一次薄粪水。及时搭棚、绑蔓、摘心、清除赘芽、疏花疏果。番茄挂果期，每亩施用尿素20千克，隔10天左右每亩再施尿素10～15千克。果实采收期结合防病治虫，叶面喷施磷酸二氢钾溶液。注意防治病毒病、疫病和蚜虫等病虫害的防治。

3. 油菜—西瓜【实例102】

江苏省海门等地应用该模式，一般每亩收获油菜200～250千克、西瓜3 000千克左右。

(1) *茬口配置*　油菜于9月20日左右播种，10月下旬移栽，翌年5月下旬收获。西瓜于4月25日左右采用小拱棚营养钵育苗（也可在大棚内育苗），油菜收获后立即移栽大田，行距2米，株距50厘米，每亩种植密度660株，8月底收获完毕。

(2) *品种选用*　①油菜，选用早熟双低油菜品种，如“华油杂6号”等；②西瓜，选用中果型薄皮品种，如“京欣”、“西农8号”等品种。

(3) *培管要点*　①油菜。管理措施同常规。②西瓜。苗床冬前翻耕，每亩大田需苗床面积约6平方米，需施用腐熟鸡粪50千克作基肥，每钵播种1粒，出苗后注意揭膜散湿，控制床温在32℃以内，苗床后期逐渐过渡到日揭夜盖，移栽前3～5天揭膜炼苗。油菜收获后，在1米宽的瓜畦位置上每亩施用腐熟羊棚灰1 500千克，耕翻混匀并做好畦子。按规格开行移栽。移栽时每亩用黄豆20千克煮熟后与硫酸钾型复合肥25千克一并施在瓜钵中间，并浇施薄粪水。瓜苗栽后盖好地膜，并破膜施苗，用泥压好膜洞及地膜四边。西瓜移栽后7天浇1次薄粪水促活棵（尽量施到地膜下）。西瓜伸蔓前地上部铺设秸秆，三蔓式整枝，两蔓向南伸长，一蔓向北伸长，各蔓上长出的第一雌花都不要留果，可留第2果，每株最多留2果，经常剪除新长出的多余蔓。当瓜果有鸡蛋大时每亩施用腐熟人畜肥500千克作膨瓜肥。生长中后期，结合防病治虫用磷酸二氢钾溶液叶面喷施。做到田间沟系配套，及时抗旱、防涝。注意防治炭疽病、白粉病、霜霉病、枯萎病、疫病和蚜虫、红蜘蛛等病虫害。

四、蔬菜茬多熟集约种植模式

1. 马铃薯/冬瓜/小白菜—菠菜【实例103】

江苏省宝应等地应用该模式，一般每亩收获马铃薯1 600千克、冬瓜4 000千克、小白菜800千克、菠菜1 800千克。

（1）茬口配置　畦宽5米，马铃薯于2月上旬双膜保温催芽，3月上旬在畦中央定植9行，行距50厘米，株距20厘米，每亩密度6 000株。畦两侧分别留宽50厘米种植冬瓜。冬瓜于4月下旬在畦两边各栽种1行，株距80厘米，每亩植330株。小白菜于5月下旬（马铃薯采后）在畦中央播种，菜幅2米。菠菜于9月下旬（冬瓜采后）均匀撒播。

（2）品种选用　①马铃薯，选用“克新4号”等品种；②冬瓜，选用“上海早丰冬瓜”等品种；③小白菜，选用“热抗青”、“小叶青”等品种；④菠菜，选用“菠杂10号”等品种。

（3）培管要点　①马铃薯。选择表皮光滑、色艳形正、芽眼匀称的无病、伤薯切块催芽。播前先结合翻土，每亩施用腐熟饼肥50千克或优质粪肥1 500千克、过磷酸钙40千克、硝酸钾 20 千克等作基肥，之后下种覆土、喷药化除、覆盖地膜，见苗后破膜放苗，盛蕾初花期根据苗势，可喷施多效唑控制过旺生长。②冬瓜。3 月中下旬营养钵育苗，3 ~4 片真叶时，选择冷尾暖头、晴好天气用原制钵器打穴栽植。栽前浇足肥水，栽后浇水、培土保湿，并用地膜覆盖。坐果后每亩用腐熟优质人畜粪肥 800 ~ 1 000千克、碳酸氢铵 25 千克、过磷酸钙 10 ~15 千克，对水开塘穴施。注意保持畦面湿润和疏沟排水。冬瓜以主蔓结果为主，每株留果 1 个（留第 2 雌花结果），坐果前摘除全部侧蔓。果实充分成熟时（在花谢后 40 ~ 45 天）采收。③小白菜。马铃薯收获后，及时整平畦面、抢墒均匀撒播。播时遇干旱天气，应提前浇水造墒，播后浅搂拍实、保墒出苗。生长期以追施腐熟稀薄粪水为主，坚持小肥大水、轻浇勤浇。注意防治黄条跳甲等害虫。待苗龄 25 天左右即可分批采收应市。④菠菜。冬瓜采收后，随即耕翻施肥，挖沟建畦，均匀撒播。播前先破壳浸种 12 ~24 小时，然后置于 15 ~20℃的室内保湿催芽。坚持深沟高畦，匀苗密植。播时遇旱先浇水，播后浅搂拍实、保墒出苗。生长期追肥以腐熟稀薄粪水为主，每 5 ~7 天追施 1 次肥。越冬前结合浇施防冻水可覆盖棉秸，御寒防冻，护苗越冬。注意防治霜霉病、蝼蛄等病虫害。出苗后 35 天左右即可分批间收，翌年 2 月底采收结束。

2. 马铃薯—花生—豌豆【实例 104】

江苏省姜堰等地应用该模式，豌豆收获豌豆苗，一般每亩收获马铃薯 1 500千克、花生 250 千克、豌豆苗 400 千克。

（1）*茬口配置*　马铃薯于 1 月下旬催芽，2 月上旬播种，覆膜双行高畦栽培，畦距 70 厘米，畦沟 30 厘米，株距 25 厘米，双行移栽，每亩密度 5 000 株，5 月上、中旬收获。花生于马铃薯收获后播种（在6月5日前播种），地膜覆盖，每亩播种0.9万~1万穴，约2万株苗。豌豆于花生收获后种植，撒播或条播，条播时行距20厘米、株距3厘米。

（2）品种选用　①马铃薯，选用“苏引三号”、“早大白”等品种；②花生，选用“泰花二号”等品种；③豌豆，选用“中豌4号”、“上农902”、“成都冬豌豆”、“美国小白花”等品种。

（3）培管要点　①马铃薯。前茬让茬后及时深耕、晒垡，每亩施用优质腐熟人畜粪尿或灰杂肥4 000~5 000千克，或腐熟饼肥50千克、25%复合肥40~50千克、硫酸钾10~20千克，进行耕耙。切块催芽，播前1~2天可用0.5~1毫克/升的赤霉素溶液浸泡种薯20分钟，取出晾干后进行纵切块，每块要有2个芽眼（单块重约25克），放在向阳通风处，切口愈合后即可播种。播种时，开挖10厘米深浅沟进行摆种，摆种后盖土10~12厘米厚，筑畦，畦底宽93厘米，畦面宽73厘米，畦高17~20厘米，筑好后轻轻拍实，喷施除草剂后覆盖地膜，并用小拱棚覆盖，棚高距畦面30~35厘米，可再加盖草帘或大拱棚。马铃薯幼叶开展时，择晴好天气中午，在背风面揭小拱棚膜，破地膜放苗。小拱棚温度控制在15~18℃，断霜后拆除拱棚。植株11~12叶时，可用助壮素或多效唑化控。薯块膨大期，叶面喷施磷酸二氢钾。及时摘除花蕾，注意防治地下害虫。②花生。马铃薯清茬后及时施肥整地，每亩施用腐熟的优质粪肥1 500~2 000千克、高浓度复合肥30千克，或25%复合肥50~60千克、尿素5~7.5千克。筑畦，畦底宽75厘米，畦面宽40~50厘米，畦高20厘米。在畦面喷施除草剂，覆地膜后在畦面打孔穴播。每畦播种两行，穴距16厘米，播深以3~5厘米为宜。出苗后结合破膜进行清棵，让子叶露出。在第1对侧枝长出地面，第3、第4条侧枝长出后覆土。主茎12～13叶、株高约30厘米时，根据花生长势，喷施多效唑1～2次；主茎16～17叶时，叶面喷施磷酸二氢钾溶液。注意防治叶锈病和蛴螬。③豌豆。每亩施用腐熟的优质粪肥3 000千克、25%复合肥50千克作基肥，深耕晒垡，精细整地，按规格开2～3厘米的浅沟，播后覆细土2～3厘米。齐苗后每隔7～10天追施1次腐熟稀粪水，保持畦面湿润。苗高20厘米时，逐步采摘嫩头上市，以后每隔15～20天采收1次，每次采收后追施1次腐熟稀粪水，并配施适量速效氮肥。注意防治白粉病。

3. 马铃薯—芋艿—菠菜【实例105】

江苏省靖江等地应用该模式，一般每亩收获马铃薯1 000千克、芋艿1 000千克、菠菜1 500千克。

（1）茬口配置　110厘米为一种植组合，宽窄行起垄栽培马铃薯，小行（垄面）行距40厘米，大行（垄底）行距70厘米。马铃薯于1月上旬双膜保温催芽，2月上中旬定植在垄面上，株距25～27厘米，每亩定植5 000～6 000株。芋艿于3月上旬在大行内套播2行，小行行距40厘米，株距30～35厘米，每亩密度3 500株左右。马铃薯于5月中旬清茬后将茎叶壅在芋头小行内，芋艿于10月中下旬清茬后即可均匀条播（或撒播）菠菜。

（2）品种选用　①马铃薯，选用“克新1号”、“克新4号”等品种；②芋艿，选用地方优质农家品种红芽密节型香沙芋；③菠菜，选用“日本大叶菠菜”等品种。

（3）培管要点　①马铃薯。播前1个月选表皮光滑、薯块端正、芽眼匀称的无病种薯切块催芽，切块一般重30～40

克，每块芽眼 2 个左右，要求床温保持 15℃左右，当薯块芽长 1 厘米左右时，揭膜炼苗 2～3 天即可定植。定植前结合耕翻整地，每亩施用腐熟的土杂灰肥 1 500～2 000千克、硫酸钾复合肥 50 千克作基肥。播后覆盖地膜，出苗后及时破膜放苗，苗高 10～15 厘米时看苗浇施 1 500千克腐熟粪肥，盛蕾期每亩用 15% 多效唑 15 克对水 50 千克喷雾，生长中后期喷施 0.2% 磷酸二氢钾溶液 1～2 次。注意防治地下害虫。②芋艿。出苗后每亩施用腐熟的稀薄人畜粪 750 千克提苗。5 片真叶时每亩施用腐熟人畜粪 1 500～2 000千克、不含氯的复合肥 15～20 千克作发棵肥。7～8 片真叶时，结合培土壅根，每亩施用腐熟土杂灰 2 000千克、有机复合肥 40～50 千克、秸秆或鲜绿肥 200～300 千克作结芋膨大肥。及时去除边荷，结芋期间要经常保持畦面湿润。③豌豆。播前先破壳浸种 12～24 小时，而后室内保湿催芽。3～4 天种子露白后播种，每亩用种量 4 千克左右，播后保持田间湿润。幼苗 2～3 片叶时每亩施用尿素 10～15 千克提苗，寒流来临前每亩施用腐熟人粪尿 1 000～1 500千克。注意防治霜霉病。

4. 豌豆—花生【实例 106】

江苏省泰兴等地应用该模式，豌豆采用甜豌豆品种收获嫩荚，一般每亩收获豌豆嫩荚 1 250千克、花生 300 千克。

（1）*茬口配置*　豌豆于 11 月 10～15 日播种，宽、窄行种植，宽行行距 85～90 厘米、窄行行距 65～70 厘米，穴距 25～30 厘米，每穴 3～4 粒，翌年 4 月 20 日至 5 月 20 日采收嫩荚。花生于豌豆收获后及时整地起垄，垄距 72～75 厘米，垄高 10～12 厘米，垄沟宽 25～26 厘米，垄面宽 46～50 厘米，每垄种植双行，穴距 18～19 厘米，每亩 0.9 万～1 万穴，9 月下旬收获。

（2）品种选用　①豌豆，选用优质高产甜豌豆品种“奇珍76”；②花生，选用“泰花四号”等品种。

（3）培管要点　①豌豆。整地做畦，做高10～15厘米、宽85～90厘米、中间呈龟背状的高畦。畦间步道宽60～65厘米，畦面平整，畦间距1.5～1.6米。每亩施用腐熟农家肥2 000～3 000千克、45%三元复合肥10千克、硫酸钾8～10千克作基肥。按规格要求播种，播深4～5厘米，喷洒除草剂后覆盖地膜，地膜幅度100～110厘米。覆膜时以3人为一组，1人在前铺膜，2人在两侧用铁锹培土压膜，四周用土压严实。株高20～30厘米时，在小行上搭架。株高45厘米以上时，引蔓绑缚上架。每长高50～60厘米，就横拉1道绳子，每隔1.5～2米固定一下。过密旺长田块要及早整枝理蔓。冬前苗期长势偏差时追施稀水粪2～3次，每亩施用腐熟人畜粪1 000～1 500千克。返青期每亩施45%三元肥10千克、尿素6千克。开始采收后，每隔7天用0.2%磷酸二氢钾及硼、锰、钼等微肥进行叶面喷施。做到田间沟系配套，注意防治豌豆白粉病、褐斑病、霜霉病和蚜虫、潜叶蝇等病虫害。当嫩荚充分长大、但籽粒还没饱满时就应采收。采收过程中注意保护茎叶。②花生。每亩用腐熟优质灰粪肥1 500～2 000千克、高浓度复合肥40～50千克、尿素5～6千克作基肥。播种前晒种1～2天。采用先覆膜后播种的播种方式，覆膜时地膜要拉紧，每隔50厘米压一堆土。播种时要做到种仁与地膜孔垂直，每穴2粒、3粒相间播种，播深3厘米，再用一堆土盖住地膜孔。播后切忌踩压。齐苗后每亩用尿素3～4千克对水穴施捉黄塘；6叶期每亩用惠满丰100毫升对水50千克喷施，连喷两次（间隔7天）。开花后20～25天（株高33～35厘米、主茎复叶数达 13 时），每亩用多效唑 50 克对水 50 千克叶面喷施。

5. 豌豆—毛豆—大白菜【实例 107】

江苏省启东等地应用该模式，豌豆采收豌豆青荚，一般每亩收获豌豆青荚 750 千克、毛豆青荚 800 ~ 1 000千克、大白菜 4 500千克。

（1）*茬口配置* 豌豆于 11 月下旬播种，开行条播，行距 35 厘米，翌年 5 月上旬采收结束。毛豆于 5 月中旬播种，行距 67 厘米，穴距 33 厘米，每穴 3 粒，8 月下旬采收结束。大白菜于 8 月中旬育苗、9 月上旬移栽，定植时按 70 厘米行距起小高垄，垄高 6 厘米，每垄栽种 1 行，株距 50 厘米，每亩 1 800 ~ 2 000株，11 月下旬采收结束。

（2）*品种选用* ①豌豆，选用“中豌 6 号”等品种；②毛豆，选用“通豆 6 号”等品种；③大白菜，选用“87—114”等品种。

（3）*培管要点* ①豌豆。每亩施用复合肥 35 千克作基肥。每亩播种量 12. 5 千克。出苗后及时松土，越冬前壅根防冻。初花期每亩施用尿素 10 千克作花荚肥。注意防治有地下害虫、蜗牛、潜叶蝇等害虫。②毛豆。每亩施用复合肥 20 千克作基肥。每亩播种量约 7 千克，播后喷施除草剂化除。出苗后每穴定苗 2 株，每亩 6 000株左右。初花期每亩施用尿素 7. 5 千克作花荚肥。植株有旺长趋势时，可用 250 毫克/千克浓度的多效唑溶液化控。注意防治灰斑病、蜗牛、小卷叶蛾和大豆食心虫等病虫害。③大白菜。苗龄 25 天左右移栽。定植前每亩施用腐熟有机肥 2 000千克、复合肥 80 千克、尿素 10 千克作基肥，将肥料均匀地撒施于地面，用旋耕机耕翻后起小高垄，按规格要求移栽，取苗时挖小土块带土移栽，栽后浇足活棵水。大白菜莲座期每亩施用尿素 20 千克，结球期每亩施尿素 15 千克。注意防治软腐病、病毒病和蚜虫、菜青虫、小菜蛾等病虫害。

6. 豌豆/大豆—荞麦【实例 108】

江苏省泰兴等地应用该模式，豌豆采用甜豌豆品种收获嫩荚，一般每亩收获豌豆嫩荚 750 千克、大豆 150 千克、荞麦 100 千克。

（1）茬口配置　豌豆于 11 月上旬宽窄行种植，宽行 85 ~ 90 厘米，窄行 65 ~ 70 厘米，穴距 25 ~ 30 厘米，每穴 3 ~ 4 粒，翌年 5 月 20 日前采摘结束。大豆在前茬离田前 10 ~ 15 天进行套播，行距 35 ~ 40 厘米，穴距 15 ~ 20 厘米，每穴 2 ~ 3 粒。大豆收获后施肥整地，于立秋至处暑间条播种荞麦。

（2）品种选用　①豌豆，选用“奇珍 76”等品种；②大豆，选用“六月白”或“华豆 1 号”等早熟品种；③荞麦，选用“平荞 2 号”、“榆荞 2 号”等。

（3）培管要点　①豌豆。播前结合耕翻，每亩施用腐熟的农家肥 3 000 ~ 4 000 千克、高效复合肥 15 千克作基肥。按行距要求播种，每穴播深 4 ~ 6 厘米，每亩基本苗 1 万株左右。当株高 25 ~ 30 厘米时，用芦竹或青竹及时在窄行上搭架，棚架高 180 ~ 200 厘米，株高达到 45 厘米以上时人工引蔓绑缚上架。冬前根据田间长势，每亩施用腐熟人畜粪 1 000 ~ 1 500 千克加尿素 2 ~ 3 千克离根浇施，促黄补瘦。立春返青期每亩用高效复合肥 10 千克、尿素 6 ~ 8 千克在离株 8 厘米左右处深施，促进花荚生长。采摘开始后每隔 1 周用叶面肥喷施 1 次。注意防治白粉病、褐斑病、霜霉病和蚜虫、潜叶蝇等病虫害。

当嫩茎充分长大、籽粒还未饱满时开始采收。②大豆。适时套栽，每亩密度1.2万~1.5万株。前茬离田前及时进行第1次中耕除草，离田后每亩及时施用腐熟灰粪1 500千克、高效复合肥12千克。苗高12厘米左右进行第2次松土除草，初花前进行第3次中耕松土。花荚期根据田间长势，每亩施用复合肥5~10千克，鼓粒期磷酸二氢钾溶液叶面喷施。注意防治蚜虫、造桥虫和豆天蛾等害虫。当70%以上植株豆叶发黄、脱落，豆荚摇动有响声时进行采收。③荞麦。播前深耕10~15厘米，每亩施用腐熟优质农家肥1 500千克、高效复合肥20千克作基肥，条播，播深3~5厘米，每亩播种量2.5~3千克，基本苗4万~5万株。5叶期至初花期，每亩15%多效唑40克对水50千克喷雾，防治倒伏。盛花期每隔2天~3天，在上午9~11时用软棉线沿荞麦顶部轻轻拉过，使植株相互接触、相互授粉。注意防治蛴螬、蝼蛄等地下害虫。

7. 黑塌菜—花生—花生【实例109】

江苏省海门等地应用该模式，花生采收鲜荚，一般每亩收获黑塌菜1 200千克、花生（双季）鲜荚1 500千克。

（1）茬口配置　秋播时，2.4米为一种植组合，其中畦面宽2.1米，墒沟宽30厘米。黑塌菜于10月上旬在畦面上栽10行，每亩定植11 500株，翌年1~2月上市。花生于3月上旬播种，高垄栽培，覆盖地膜并加小拱棚覆盖，6月下旬收获鲜荚上市。接着再播种一季花生，10月上中旬收获鲜荚上市。

（2）品种选用　①黑塌菜，选用“小八叶”等品种；②花生，选用大果型品种，如“8130”或“鲁花14”等。

（3）培管要点　①黑塌菜。按常规管理。②花生。采用高垄栽培。黑塌菜采收后及时整地做垄，每80厘米为一个种植组合，其中垄面55厘米，垄沟25厘米，开沟播两行花生，沟深3~4厘米，穴距15厘米，每穴播2粒，每亩施用有机复合肥50千克，然后盖除草地膜，并搭好小拱棚，花生初花期及时喷施多唑效化控防旺，盛花期叶面喷肥。第一季花生收获后抢季节播种后茬花生，仍采用高垄方式栽培，但垄面和垄沟位置加以调换，其他措施与第一季花生相同。

8. 大蒜—毛豆—毛豆【实例110】

江苏省海门等地应用该模式，一般每亩收获蒜苗300千克、蒜头500千克，毛豆（双季）青荚1 000千克。

（1）茬口配置　大蒜于9月下旬播种，行距50厘米，株距10厘米。早春毛豆于2月下旬至3月初套播在大蒜行间，地膜覆盖。秋毛豆于6月上旬播种，行距60厘米，穴距20厘米，每穴播种2~3粒

（2）品种选用　①大蒜，选用“六叶太仓白蒜”等品种；②毛豆，春毛豆选用“辽鲜1号”等品种，秋毛豆选用“小寒王”等品种。

（3）培管要点　①大蒜。播种前每亩施用腐熟羊棚灰1 000千克或复合肥50千克作基肥，出苗后15天左右每亩施用粪肥500千克或尿素5千克，11月底至12月初每亩施用尿素7.5千克或碳铵25千克作蜡肥，翌年2月底至3月初每亩施用尿素10~15千克或碳铵50千克作返青肥。注意防治蒜蛆和锈病。②毛豆。初花期每亩施用尿素5~7.5千克作花荚肥。其他管理同常规。

9. 芋艿—大白菜【实例111】

江苏省海安等地应用该模式，一般每亩收获芋艿1 350千

克、大白菜5 000千克。

(1) *茬口配置* 芋艿在2月中旬催芽育苗，4月上中旬移栽大田，移栽前整地做垄，垄底宽70厘米，垄面宽50厘米，垄高15厘米，垄底沟宽30厘米，移栽时将芋苗栽在垄底（每垄栽2行），行距50厘米，株距30厘米，每亩栽4 400株，地膜覆盖，8月底收获结束。大白菜8月中旬育苗，8月底移栽，行距55厘米，株距55厘米，每亩栽2 000株左右，11月上旬上市。大白菜收获后及时深翻冻土。

(2) *品种选用* ①芋艿，选用地方早熟的白芋品种；②大白菜，选用“改良青杂三号”、“87—114”等品种。

(3) *培管要点* ①芋艿。催芽育苗，催芽在坑坊式温床中进行，坑坊中温度较高，要适时补充水分。温床中温度要保持10℃以上，10～15天后，当芽长2～3厘米时播入育苗床。按株、行距15厘米播种，播种深度以芽埋入土面为度，床宽1.5米，播种后平铺地膜，搭小拱棚保温育苗，床内白天温度保持在15℃以上，夜晚8℃以上，床温高于30℃时，采取通风降温，芋芽出土后揭去地膜放苗，根据床土及时补充水分，移栽前一周小拱棚通风降温炼苗。大田需冬翻冻土，春季每亩施用优质杂灰3 000千克、生物钾肥400毫升。按规格要求整地做垄。移栽时，于垄顶中央劈沟，每亩沟施腐熟人畜粪2 000千克、25%复合肥40～50千克。劈沟施肥后盖土，4月上中旬于冷尾暖头晴天下午在垄底移栽幼苗。栽后浇足活棵水，覆盖地膜，同时破膜将幼苗放出，苗体四周用土压膜护根。6月中下旬揭膜时，于垄顶开塘，每亩施用腐熟人畜粪2 000千克、25%复合肥20千克，并培土壅根，形成高垄，然后根据子芋出生情况，分次在子芋边叶处培土。注意防治芋疫病、腐败病和蚜虫、红蜘蛛、斜纹夜蛾等病虫害。7月底至8

月上旬开始采收，8 月底收获结束。②大白菜。采用营养钵育苗，播前浇足水，盖土后用拱形支架，并加盖遮阳网。齐苗后间苗，每钵留苗 2 株，现真叶后进行定苗，每钵留苗 1 株。大田定植前，每亩施用腐熟粪肥 2 500 ~ 3 000千克、25% 复合肥 50 千克，旋耕后开沟做畦，畦宽 120 厘米（含墒沟）。按规格要求移栽，栽后浇好活棵水。当心叶开始内卷时，每亩施用 25% 复合肥 30 ~ 40 千克、尿素 10 ~ 15 千克，并浇透水。注意防治软腐病和小菜蛾、斜纹夜蛾、蚜虫等病虫害。

10. 芋艿—大白菜—菠菜【实例 112】

江苏省太仓等地应用该模式，一般每亩收获芋艿 2 000千克、大白菜 2 000千克、菠菜 1 500千克。

（1）*茬口配置*　芋艿在 1 月上旬播种，3 月定植，畦宽 1.5 米，行距 60 厘米，株距 30 厘米，每亩栽种 2 300 ~ 2 500 株。7 月上旬上市，8 月底收获结束。大白菜于 9 月中旬撒播，作杭白菜栽培，11 月初收获结束。菠菜于 11 月中旬撒播，翌年春节前后上市。

（2）*品种选用*　①芋艿，选用地方香籽芋艿品种；②大白菜，选用“精选早熟五号”等品种；③菠菜，选用“全能菠菜”、“金刚菠菜”等品种

（3）*培管要点*　①芋艿。播种前选择符合品种特性、顶芽健全、无病虫、无伤斑、不霉烂的较大子芋种，每亩用种 150 千克。芋种芽向上，依次摆放在床土上，覆平细土，然后覆盖地膜，地膜四周用泥压紧、压实，出苗后及时破膜炼苗。定植大田于 3 月初（前茬作物收获后）结合耕翻每亩施用腐熟厩肥 2 000千克、碳铵 50 千克、高浓度复合肥 40 ~ 50 千克作基肥。水肥供应要掌握“苗期不宜多、发棵期不能少、结

芋期水肥足”的原则。定植前浇足播种水，以后每隔15～20天追施1次肥水，从淡到浓，轻浇勤浇。注意防治疫病、腐败病和斜纹夜蛾、蚜虫和红蜘蛛等病虫害。②大白菜。芋艿收获后，结合整地每亩施用碳铵50千克、高浓度复合肥50千克作基肥，整地做垄，通常垄宽80～85厘米，垄高30厘米，垄沟宽40厘米。大白菜每亩用种量300～400克，作杭白菜栽培。幼苗期要及时间苗、定苗、补苗，及时浇水、松土，天气干旱无雨的情况下每隔2～3天浇1次小水，雨天及时排出田间积水。每施追用尿素20～25千克、复合肥10～15千克，分2～3次结合苗情施入。保持土壤湿润。注意防治病毒病、霜霉病、软腐病和蛴螬、蝼蛄、菜青虫、小菜蛾、蚜虫等病虫害。杭白菜播种后30天即可采收。③菠菜。大白菜清茬后，及时清除前茬作物，每亩施腐熟有机肥2 000千克、高浓度复合肥50千克、碳酸氢铵50千克作基肥，同时筑成宽1.5米左右的平畦，畦沟宽30厘米。一般采用撒播，每亩播种量7.5千克左右。生长期间要及时供给充足的肥水，并掌握“天热宜稀、天冷宜密”和“前期宜稀、后期宜密”的追肥原则。生长期间及时抗旱、排涝，注意防治霜霉病和蚜虫、菜螟等病虫害。春节前后，当植株高35～40厘米时即可采收。

11. 黄瓜—豇豆—榨菜【实例113】

江苏省溧水等地应用该模式，一般每亩收获黄瓜3 000千克、豇豆2 000千克、榨菜3 500～4 000千克。

(1) *茬口配置* 黄瓜于4月上、中旬移栽定植，行距65厘米，行距25厘米，每亩栽4 000株左右，地膜覆盖，7月中下旬收获清茬。豇豆于7月下旬至8月上旬直播，9月下旬至11月上旬收获清茬。榨菜于11月下旬移栽定植，行距33厘米，株距 17 厘米，每亩栽植 10 000株左右，翌年 4 月初收获。

（2）品种选用 ①黄瓜，选用津春系列品种；②豇豆，选用“秋豇 512”、“紫秋豇 6 号”等品种；③榨菜，选用“斜桥榨菜”品种。

（3）培管要点 ①黄瓜。利用营养钵培育壮苗，苗床采用大棚套小棚方式增温。瓜苗 3 ~4 片真叶、苗高 12 厘米左右定植。定植前，每亩大田施用腐熟有机肥 4 000 ~ 5 000千克、过磷酸钙 50 千克、硫酸钾 15 千克、48% 高浓度复合肥 50 千克作基肥。加强大田期肥水管理，做到勤施薄施，开花结果前结合浇水每亩施用碳酸氢铵 10 千克。采收初期至结果盛期，每隔 10 ~15 天结合施肥浇水 1 次，共 5 ~6 次。及时搭架整枝绑蔓，注意病虫害防治。②豇豆。7 月下旬直播，每亩用种量 2 千克左右，结合翻地整畦．每亩施用有机无机复合肥 100 千克作基肥，并喷施除草剂化除，按照“花前要控，花后要促”原则做好田间肥水管理。利用前茬留下的黄瓜架子及时整蔓绑蔓，注意病虫害防治。③榨菜。在 10 月上中旬播种育苗，在 11 月中下旬移栽定植。每亩施腐熟人畜粪肥 1 000千克、高浓度复合肥 25 千克作基肥，定植后施好活棵肥，越冬前施好越冬肥，2 月下旬分别施两次施用膨大肥，每次用尿素 20 千克对水浇施，大田初期注意蚜虫的防治，4 月上旬收获。

12. 豇豆—大蒜—芹菜【实例 114】

江苏省如皋等地应用该模式，大蒜收获青蒜，一般每亩收获豇豆 1 000 ~ 1 200千克、青蒜 2 000千克、芹菜 3 000千克。

（1）茬口配置 畈宽 2. 2 米，豇豆于 4 月中旬移栽定植，每畈种植 4 行，宽窄行种植，宽行 65 厘米，窄行 45 厘米，穴距 33 厘米，每穴 2 苗，每亩 3 500穴，5 月下旬始收，7 月初采收结束。大蒜于7月中旬播种，行距10厘米，株距17厘米，每亩10万株左右，也可撒播，9月中旬始收，10月上旬采收结束。芹菜于8月中下旬育苗，10月上中旬移栽定植，定植行距7厘米、株距6厘米，每亩13.5万株左右，翌年2～3月采收结束。

（2）品种选用　①豇豆，选用“之豇特早30”、“之豇28-2”等品种；②大蒜，选用叶片肥大、休眠期短的地方优良品种；③芹菜，选用“津南实芹”等品种。

（3）培管要点　①豇豆。豇豆于3月上旬营养钵育苗（中小拱棚覆盖），4月中旬定植并覆盖地膜。移栽前每亩施用腐熟粪肥2 000千克、复合肥50千克作基肥，伸蔓前搭好支架（每2行1组），开花结荚初期追施粪肥1 500千克。开始采收后，应增施肥料，做到轻肥勤施。生长期间注意植株调整，主蔓第一花序以下的侧芽应及早抹除。当主茎长至2米时摘顶，以控制主蔓继续伸长。注意防治蚜虫、豆荚螟等害虫。②大蒜。播种前采用2～5℃低温处理或用赤霉素浸种以打破休眠。每亩施用腐熟优质厩肥2 000千克、人畜粪肥2 500千克、复合肥50千克作基肥，播种后加盖遮阳材料保湿促早苗，3叶期每亩施用腐熟粪肥1 250千克加适量尿素等氮肥，以后每7～10天追施粪肥一次，催苗促长，当植株达至30厘米以上时分批采收上市。③芹菜。育苗时，播后覆细土1厘米左右，并盖上地膜和稻草以降温保湿。出苗前视墒情可于早晚各浇水一次。当芹菜种芽露出土面后，搭1～1.3米高平棚，上盖遮阳网。苗出齐后，应注意分次间苗。苗高3～4厘米时，应逐渐增加光照时数，并注意补水补肥促壮。苗龄45～60天时，苗高10厘米、真叶4～5片可分批选大苗移栽大田。大田移栽前，每亩施用腐熟粪肥2 500千克、复合肥40千克作基肥。幼苗成活前每天注意浇水，成活后每隔 1 ~2 天浇一次薄粪水。苗高 15 ~20 厘米时，再追肥 2 ~3 次，每次每亩施用腐熟粪肥 1 000 ~ 1 500千克、尿素 15 ~20 千克。注意防治蚜虫、叶斑病等病虫害。

13. 荷兰豆/豇豆—青花菜【实例 115】

江苏省如皋等地应用该模式，一般每亩收获荷兰豆 500 ~ 600 千克、豇豆 1 000千克、青花菜 1 000千克。

（1）茬口配置　荷兰豆于 11 月初播种，播种前施肥整地后按南北向作畦，畦宽 2.4 米，每畦设两个组合，每组合宽 1.2 米，播种两行，小行距 40 厘米，穴距 30 厘米，每穴播种 3 粒，翌年 6 月初让茬；豇豆于 5 月下旬在荷兰豆清茬前 7 天套播于株间，每亩 3 700穴，每穴播种 3 粒，8 月初让茬；青花菜于 7 月下旬育苗，8 月下旬移栽，定植行距 60 厘米、株距 50 厘米，每亩密度 2 200株，10 月下旬收获。

（2）品种选用　①荷兰豆，选用“台湾小白花”品种；②豇豆，选用“邦达 3 号”品种；③青花菜，选用“优秀”品种。

（3）培管要点　①荷兰豆。播种前每亩用 45% 三元复合肥 20 千克均匀撒施，耕翻后按规格作畦移栽，用 2.2 ~2.3 米长竹竿搭“人”字架。出苗后松土除草，3 ~4 张复叶时每亩施用尿素 5 ~7.5 千克作苗肥。翌年春季苗高 30 厘米左右时引蔓上架，适时清沟理墒。开花结荚阶段，每亩用尿素 15 千克加磷酸二氢钾 150 克，对水 50 千克叶面喷肥，5 ~7 天喷洒一次，连续喷肥 2 ~3 次。初花期注意防治潜叶蝇。开花后 10 天左右，鲜荚长 4 ~6 厘米、宽 1.2 厘米左右，厚不超过 0.55 厘米时采摘。②豇豆。清茬时整理并疏通沟系。齐苗后结合查苗补缺，每亩施用45%三元复合肥15千克；抽蔓上架初期，每亩施尿素5~7.5千克；第一花序开始结荚后，每亩追施45%三元复合肥20千克；开花结荚期间，每隔7~10天浇尿素水一次，每次每亩掺尿素2~2.5千克。前茬作物的人字架一架两用，抽蔓后引蔓上架。主蔓第一花序以下侧枝长2~3厘米时及时摘除，主蔓第一花序以上侧枝留2~3叶摘心，主蔓高达2米时打顶。及时中耕除草破除板结，选用高效低毒农药及时防治锈病、根腐病、叶斑病、豆荚螟和蚜虫等。③青花菜。育苗时每亩备苗床20平方米（播种25克），播后搭棚，用薄膜、遮阳网覆盖以防暴雨、高温，齐苗后及时匀苗定苗，防治病虫害。8月下旬，苗龄25~30天、7片左右真叶时定植。定植前，结合清茬整地每亩施用45%三元复合肥30千克作基肥。定植后7天每亩施用尿素5千克作提苗肥；定植后20天左右每亩施用45%三元复合肥15~20千克作发棵肥；花蕾约乒乓球大小时，每亩施用尿素15千克作膨大肥；结球期间，每亩用磷酸二氢钾150克加硼砂50克对水50千克喷花蕾和叶面，5~7天一次，连续喷肥2~3次。选用高效低毒农药及时防治霜霉病、根腐病、菜青虫、斜纹夜蛾等病虫害。10月下旬，主花球达400~500克，球面紧密圆整、无凹凸时采收。

主要参考文献

[1] 刘建．2008. 区域优势作物高产高效种植技术．北京：中国农业科学技术出版社．

[2] 刘建．2009. 四青作物高产高效栽培技术．北京：中国农业科学技术出版社．

[3] 柏云冲．2006. “四青”作物优质高效生产技术．南京：江苏科学技术出版社．

[4] 杨文钰，屠乃美．2003. 作物栽培学各论．北京：中国农业出版社．

[5] 程智慧．2010. 蔬菜栽培学各论．北京：科学出版社．

[6] 郑世友，黄燕文．2010. 蔬菜间作套种新技术．北京：金盾出版社．

[7] 陈齐炼，徐会华．2008. 长江中下游地区棉花超高产栽培理论与实践．北京：中国农业出版社．

[8] 刘巽浩，牟正国．1993. 中国耕作制度．北京：农业出版社．